大海洋出版工程
智库系列

中国海洋装备工程科技发展战略研究院
CHINA STRATEGY INSTITUTE OF OCEAN ENGINEERING

向海而兴：
新时代海洋人才发展研究

冯妮 编著

上海交通大学出版社
SHANGHAI JIAO TONG UNIVERSITY PRESS

内容提要

本书围绕海洋强国建设目标,系统研究了我国海洋人才发展战略。全书从海洋战略人才、海洋高技术人才、海洋国际人才和海洋文化教育人才四个方面,深入分析了我国海洋人才建设的重点领域、当前存在的主要问题以及未来发展的对策建议。本书在海洋人才需求分析、人才培养模式创新、国际人才引进等方面提出了许多新的见解和建议,可为国家相关部门制定海洋人才政策提供参考,也可为高等院校、科研机构、企业等培养和使用海洋人才提供参考。

图书在版编目(CIP)数据

向海而兴:新时代海洋人才发展研究/冯妮编著.
上海:上海交通大学出版社,2025.6.—ISBN 978-7
-313-32721-5

Ⅰ.P7

中国国家版本馆 CIP 数据核字第 20259V6599 号

向海而兴:新时代海洋人才发展研究
XIANG HAI ER XING:XIN SHIDAI HAIYANG RENCAI FAZHAN YANJIU

编　著:冯　妮

出版发行:上海交通大学出版社　　　　　　地　　址:上海市番禺路 951 号
邮政编码:200030　　　　　　　　　　　　电　　话:021-64071208
印　　制:上海文浩包装科技有限公司　　　经　　销:全国新华书店
开　　本:710mm×1000mm　1/16　　　　印　　张:10.25
字　　数:136 千字
版　　次:2025 年 6 月第 1 版　　　　　　　印　　次:2025 年 6 月第 1 次印刷
书　　号:ISBN 978-7-313-32721-5
定　　价:68.00 元

建设海洋强国寄托着中华民族向海图强的时代夙愿,肩负着实现中华民族伟大复兴中国梦的重要使命。党的十八大以来,以习近平同志为核心的党中央高度重视海洋强国建设,从统筹中华民族伟大复兴战略全局和世界百年未有之大变局的高度,擘画建设海洋强国宏伟蓝图,采取了一系列具有划时代意义和里程碑标志的重大举措,海洋强国建设实现一系列突破性进展,取得一系列标志性成果。

当前,我国正处于由海洋大国迈向海洋强国的关键时期。如何以习近平总书记关于建设海洋强国的重要论述精神为指引,立足中国式现代化战略全局,准确把握我国海洋强国建设的核心问题、推进海洋工作的方向和目标,显得尤为重要。作为思想库、智囊团,海洋领域智库是国家软实力的重要组成,对海洋强国建设、国家经济社会发展和全球海洋关系处理具有重要参谋作用。这也是海洋领域智库建设的必然始因。

正是在这样的时代背景下,我们精心策划并推出了"大海洋出版工程·智库系列",旨在为我国海洋强国建设提供坚实的智力支撑。丛书阐述海洋强国建设中科技、经济、人才、教育等全方位发展前沿、动态、问题、趋势等,为政府决策提供智力支撑。

丛书汇聚了海洋领域智库的最新研究成果与前沿思考,具有以下显著特点：一是综合性，既有海洋强国建设宏观问题阐述，也有科技、产业、人才等关键问题针对性研究；二是战略性，对海洋强国建设中科技发展趋势、政策导向、国际竞争态势等进行深度剖析、深入解读；三是前瞻性，分析海洋强国建设中的新技术、新业态、新模式、新产业、新思想和新理念等；四是持续性，丛书计划持续出版，以开放式的选题和内容，介绍我国海洋强国中的新机遇、新趋势、新进展、新经验，力争成为展现海洋战略研究领域最新研究成果的知名出版物。

丛书旨在构建一个全面、系统、开放的海洋智库研究出版物，促进海洋智库成果转化，既为海洋科技工作者、教育工作者及公众提供权威、实用的参考资料，也能够对国家和部门决策及行业发展产生积极影响，为推进我国海洋强国建设、为推进中国式现代化做出时代贡献。

林忠钦

2024 年 12 月

海洋强国建设是实现中华民族伟大复兴的重要组成部分。习近平总书记多次强调，没有海洋的强大，就没有国家的强大。在这一战略背景下，海洋人才队伍建设尤为重要。习近平总书记在 2024 年全国教育大会上强调，要"统筹实施科教兴国战略、人才强国战略、创新驱动发展战略，一体推进教育发展、科技创新、人才培养"。海洋强国建设正需要以国家战略需求为牵引，优化高等教育布局，完善人才培养模式，加强海洋基础学科、新兴学科、交叉学科建设和拔尖人才培养。为深入研究我国海洋人才发展战略，基于中国工程院咨询课题的研究成果，撰写了这本《向海而兴：新时代海洋人才发展研究》。

本书的成书背景是我国海洋事业发展的迫切需求和面临的严峻挑战。近年来，随着"一带一路"倡议的深入推进，特别是"21世纪海上丝绸之路"的构建，我国与共建国家在海洋经济、海洋科技、海洋环境保护等领域的合作日益深入。与此同时，海洋资源开发、海洋生态保护等议题也日益凸显其重要性。这些都对我国海洋人才的数量和质量提出了更高要求。然而，我国海洋人才的培养和储备与海洋强国建设的需求之间还存在较大差距。如何加快培养和引进高水平海洋人才，如何构建符合国家战略需求的海洋人才体系，成为亟待解决的重要问题。

正是在这样的背景下，我们认为有必要对我国海洋人才发展战略进行系统研究。在研究过程中，我们深刻感受到，海洋人才发展不仅是一个教育问题，更是一个关乎国家发展战略的重大问题。它涉及国家安全、经济发展、科技创新、文化传承等多个方面。因此，我们在研究中始终坚持将海洋人才发展置于国家战略的大背景下进行考量，力求提出既有前瞻性又切实可行的建议。

本书的编写目的是全面分析我国海洋人才发展的现状与需求，探讨海洋人才培养面临的挑战，提出有针对性的对策建议，为国家制定海洋人才发展政策提供参考。在取材范围上，我们广泛收集了国内外相关文献资料，深入调研了国内多所涉海高校、科研院所和企业，并对多个国际海洋组织的中国籍人员参与情况进行了详细统计分析。我们还走访了多家海洋战略研究机构，借鉴其先进经验，以期为我国海洋人才发展提供新的思路。

本书的主要特点是结合当前国际竞争形势与国内发展需求，将我国海洋强国建设放置在中华民族伟大复兴的总体战略中进行比照，确定海洋战略人才、海洋高技术人才、海洋国际人才、海洋文化教育人才作为未来10～20年我国海洋强国人才建设的优先、重点领域。通过借鉴和对照全球发达海洋国家的人才建设经验，结合我国实际发展中碰到的瓶颈问题，对四个领域的海洋人才需求进行前瞻预判，提出科学合理的海洋人才队伍规模、人才层次结构、人才素质特征等；依据对各领域海洋人才现状进行数据分析和专家调研的结果，从定量、定性两方面明确人才供给端和需求端之间的错位问题，提出以多学科交叉、多知识集成、多团队合作为目标的海洋战略人才建设，以前瞻性、引领性、大军团作战为目标的海洋高技术人才建设，以争取全球海洋事务话语权、促进以高水平对外开放为目标的海洋国际人才建设，推动全民海洋意识和文化进一步发展的海洋文化教育人才建设的多方面建议。书中既有宏观层面的战略思考，也有微观层面的具体建议，力求理论与实践相结合。我们特别注重数据的准确性和时效性，采用了大量最新的统计数据和案例，以确保研究结论的科学性和实用性。

在本书的编写过程中,得到了众多专家学者和相关单位的大力支持。在此要特别感谢中国工程院丁文江院士、朱英富院士、林忠钦院士对本书提出的宝贵意见,他们的真知灼见极大地提升了本书的学术价值和实用性。同时,还要感谢中华人民共和国人力资源和社会保障部、中国舰船研究设计中心、上海交通大学、中国海洋大学、中国人民解放军海军指挥学院、中国船舶及海洋工程设计研究院、上海外高桥造船有限公司、沪东中华造船(集团)有限公司、江南造船(集团)有限责任公司等单位和院校的相关领导和专家为本书的撰写提供了重要观点和建议。

此外,上海交通大学出版社的编辑们为本书的出版付出了辛勤劳动,在此一并致以诚挚的谢意。

目录

第一章

我国海洋人才建设的战略方向

海洋强国建设是我国全面建成社会主义现代化强国、实现中华民族伟大复兴的重要组成部分。本书以此为宏观目标牵引,为海洋人才建设提供准确坐标。迄今为止,学术界尚未对海洋强国的具体内涵和重点建设领域达成共识。本章旨在对海洋强国的内涵进行深入辨析,结合当前国内外海洋领域的主要竞争形势与国内发展需求,确定我国海洋人才建设的四大重点领域,为后续章节内容奠定基础。

一、海洋强国的内涵剖析

2003 年,我国首次在政府重要文件中提出要"逐步把我国建设成为海洋经济强国";2012 年 11 月,党的十八大报告完整提出了"建设海洋强国"的战略目标;2017 年 10 月,党的十九大报告提出"坚持陆海统筹,加快建设海洋强国";2022 年 10 月,党的二十大报告提出"发展海洋经济,保护海洋生态环境,加快建设海洋强国"。这一演进过程表明,建设海洋强国已成为顺应我国发展趋势和世界发展潮流、实现中华民族伟大复兴中国梦的必然选择。

值得注意的是,尽管当代成功的海洋强国多来自欧美,但欧美国家并未明确提出过"海洋强国"的概念,而是使用"sea-power"一词,我国通常将其译为"海权"。传统欧美语境下的"海权国家"主要指兼具硬实力与软实力的涉海大国，其最直观的指标是一国海军的规模大小和制海权的掌控能力。相比之下，我国提出的"海洋强国"是一个更具时代性、包容性、进步性，同时具有中国特色的战略目标。我国所选择的和平发展道路使得这一目标远远超越了欧美经典的"海权"范畴。可以认为，"海洋强国"目标内在地包含了对欧美经典海权学说的扬弃，是中国特色社会主义事业的重要组成部分、实现中华民族伟大复兴的重大战略任务。

关于海洋强国的具体内涵，学界虽未形成完全一致的看法，但已有多位专家、学者从不同角度进行了探讨，为我们理解这一概念提供了丰富的视角。国家海洋局原局长刘赐贵提出，"中国特色海洋强国的内涵应该包括认知海洋、利用海洋、生态海洋、管控海洋、和谐海洋等五个方面"[1]，这一观点强调了认知、利用、保护、管理和国际合作等多个层面的重要性；海洋发展战略研究所原副所长杨金森研究员认为，海洋强国在不同的历史时期有不同特征，统一的标识仍在于综合国力强、海洋软实力强、海洋开发利用能力强、海洋研究和保障能力强、海洋管理能力强以及海洋防卫能力强等方面[2]，这一观点突出了海洋强国的多元化和综合性特征；海洋发展战略研究所的张海文研究员和王芳研究员提出"要建设海洋经济发达、海洋科技先进、海洋环境健康、海上力量强大、海洋安全稳定的'强而不霸'的中国特色海洋强国"[3]，这一定义强调了和平发展的理念，体现了中国特色；中国海洋大学的殷克东教授等学者提出，海洋强国是"海洋经济综合实力发达、海洋科技综合水平先进、海洋产业国际竞争力突出、海洋资源环境可持续发展能力强大、海洋事务综合调控管理规范、海洋生态环境健康、沿海地区社会经济文化发达、海洋军事实力和海洋外交事务处理能力强大的临海国家"[4]，这一定义体现了海洋强国建设的系统性和全面性；中国海洋大学海洋文化研究所所长曲金良教授指出，海洋强国的内涵"既包括对国内而言海洋产业经济的可持续发展、海洋环境资源的可持续开发利用，海洋区域社会文化的可持续繁荣,又包括对国际而言海洋和平政治机制的建立、国家海洋权益的安全、国家在世界海洋事务中不仅有发言权,而且有主导权"[5],强调了可持续发展和国际影响力对于海洋强国建设的重要性;上海社会科学院的金永明教授提出,我国海洋强国主要有五个基本特征,即"海洋经济发达、海洋科技先进、海洋生态环境优美、具有构建海洋制度及其体系的高级人才队伍和海上国防力量强大"[6],这一观点特别强调了人才队伍建设的重要性。

综合以上各种观点,我们认为,海洋强国这一概念包含了以下多方面内涵,简要阐述如下。

多维度性:海洋强国是一个多维度的概念,涵盖了经济、科技、生态、安全、管理等多个方面。这种多维度性要求我们在建设海洋强国的过程中采取全面的、系统的方法。任何单一领域的优势都不足以支撑海洋强国的地位,需要各个方面协调发展,形成整体优势。

海洋安全:海洋安全涉及领土主权、海洋权益、海上通道安全等多方面。建设强大的海上国防力量是保障海洋安全的重要手段,同时也需要通过外交努力和国际合作来维护海洋和平稳定。海洋安全是海洋强国建设的基础,也是海洋强国应尽的责任。

可持续发展:可持续发展强调在满足当前需求的同时不损害后代满足其需求的能力。在海洋强国建设中,这意味着我们需要在经济发展与生态保护之间找到平衡,确保海洋资源的长期可持续利用。这要求我们制定前瞻性的政策,采用创新的技术和管理方法。

生态环境保护:健康的海洋生态环境是海洋强国的重要标志。这不仅关系到海洋生物多样性的保护,也与沿海地区的经济发展和居民生活质量密切相关,反映了一个国家的发展和治理能力。建设海洋生态文明,实现人与海洋的和谐共处,是海洋强国建设的重要内容。

和平发展理念:中国特色的海洋强国强调"强而不霸",这体现了负责任大国的担当。和平发展理念要求我们在追求自身海洋利益的同时,也要尊重其他国家的合法权益，通过对话协商解决分歧，推动建立公平合理的国际海洋秩序。

国际影响力：海洋强国应在国际海洋事务中发挥重要作用，这包括参与全球海洋治理、推动完善国际海洋法律体系、参与解决跨国海洋问题等。通过在国际舞台上积极表现，海洋强国可以提升自身的软实力和国际声誉，为全球海洋发展做出贡献。

科技创新：科技创新是海洋强国建设的关键驱动力。它不仅包括海洋资源开发和环境保护技术，还涉及海洋观测、海洋数据处理、海洋工程等多个领域。科技创新能力的提升可以帮助我们更好地认识海洋、利用海洋，同时也能为海洋生态保护提供技术支持。

海洋文化：海洋文化是海洋强国软实力的重要组成部分。它包括海洋认知、海洋意识、海洋精神等多个方面。培育和发展海洋文化可以增强国民的海洋意识，推动全社会关心海洋、认识海洋、经略海洋，为海洋强国建设提供文化支撑和精神动力。

人才建设：高素质的海洋人才队伍是建设海洋强国的重要保障。这不仅包括海洋科研人才，还包括海洋管理、海洋产业、海洋外交、海洋文化等各个领域的专业人才。培养和吸引海洋人才，建立健全的人才培养和使用机制，是提升海洋事业整体水平的关键。

综上所述，我们认为海洋强国建设的根本目标是实现海洋事业的全面、协调、可持续发展，提升国家在海洋领域的综合实力和国际影响力，以促进经济繁荣、生态和谐、科技创新、文化振兴及维护国家安全，最终实现人海和谐共生、国家长治久安的战略目标。这一目标涵盖了经济、生态、科技、文化和安全等多个维度，强调了发展的全面性和协调性。它要求我们在推动海洋经济高质量发展的同时，也要注重海洋生态保护、加强海洋科技创新、培育海洋文化、维护海洋权益。通过提升海洋综合管理能力、培养高素质海洋人才，构建现代化海洋治理体系。

二、我国海洋强国建设的重点领域

通过对海洋强国内涵的深入分析可以看出,海洋强国是一个多维度、系统性的概念,其建设范围极为广泛。基于前文的综合理解,我们可以将海洋强国的重点建设领域归纳为海洋经济、海洋安全、海洋生态、海洋科技、海洋文化五个方面。这五个领域相互关联、相互支撑,共同构成了海洋强国建设的整体框架。

(一) 海洋经济

海洋经济是海洋强国建设的物质基础和重要支柱。发展海洋经济不仅能够提供经济增长新动能,还能优化国民经济结构、增强国家综合实力。具体而言,海洋经济的发展应着重于以下几个方面:首先,推动传统海洋产业转型升级,如海洋渔业、海洋交通运输业、滨海旅游业等,提高其科技含量和附加值。其次,大力发展深海油气开发、海底矿产资源开发、海洋生物医药、海洋可再生能源等新兴产业,培育经济增长新引擎。再次,完善海洋产业链,促进产业集群发展,提高海洋经济的整体竞争力。最后,加强海洋经济与陆地经济的融合发展,推动海洋经济与区域经济协调发展,积极参与全球海洋经济合作,提高我国海洋产业的国际竞争力和影响力。通过这些努力,将海洋经济打造成为我国国民经济的重要增长极,为海洋强国建设奠定坚实的经济基础。

(二) 海洋安全

海洋安全是海洋强国建设的基本保障和重要组成部分。海洋安全不仅关系到国家主权和领土完整,还直接影响到海洋经济发展和海上通道安全。海洋安全建设应重点关注以下几个方面:首先,加强海上军事力量建设,提高海军现代化水平,提高海上维权执法能力。其次,完善海洋监测预警体系,提高对海上安全威胁的早期识别和应对能力。再次,加强与海上非传统安全领域的合作,如打击海盗、海上反恐、海上搜救等,健全海洋法律法规体系,为维护海洋权益提供法律依据,加强海洋权益宣传教育,增强全民海洋权益意识,积极参与国际海洋安全事务,推动构建公平合理的国际海洋秩序。最后,统筹海洋安全与发展的关系,在维护海洋安全的同时,也为海洋经济发展创造良好环境。通过以上举措,全面提升海洋安全保障能力,为海洋强国建设提供坚实的安全保障。

（三）海洋生态

海洋生态是海洋强国建设的根本保障和长远利益所在。保护和改善海洋生态环境,不仅关系到海洋资源的可持续利用,而且直接影响到沿海地区的经济社会发展和人民生活质量。海洋生态建设应重点关注以下几个方面:首先,建立健全海洋生态保护制度,完善相关法律法规,强化执法监督。其次,加大海洋污染防治力度,特别是控制陆源污染、减少海洋塑料垃圾、防治海洋酸化。再次,加强开展海洋生态修复工作,如红树林、珊瑚礁、海草床等典型海洋生态系统的保护和修复。最后,建立海洋生态补偿机制,平衡经济发展和生态保护的关系,加强海洋生态监测和预警能力建设,提高海洋生态灾害防控能力。我国需要积极参与全球海洋生态治理,为应对气候变化、保护海洋生物多样性贡献中国力量。通过以上举措,构建人海和谐共生的生态文明新格局,为海洋强国建设提供良好的生态环境支撑。

（四）海洋科技

海洋科技是海洋强国建设的核心驱动力和关键支撑。发展海洋科技不仅能够提升海洋资源开发利用能力,还能为海洋经济发展和海洋安全、海洋生态保护提供技术支撑。海洋科技的发展应聚焦以下几个方面:首先,加大海洋基础研究投入,特别是在海洋物理、海洋化学、海洋生物、海洋地质等领域,夯实海洋科技发展的基础。其次,重点突破一批海洋关键核心技术,如深海探测技术、海洋环境监测技术、海洋生物技术、海洋工程装备技术等。再次,推动海洋科技成果转化,促进产学研深度融合,加快科技创新成果向现实生产力转化。此外,要加强海洋科技基础设施建设,如海洋观测网、海洋科考船队、深海空间站等,为海洋科研提供硬件支撑;培养高水平海洋科技人才,建设一流海洋科研团队。最后,加强国际海洋科技合作,积极参与全球海洋科技创新网络。通过这些努力,全面提升我国海洋科技创新能力,为海洋强国建设提供强大的科技支撑。

(五) 海洋文化

海洋文化是海洋强国建设的精神动力和软实力体现。培育和弘扬海洋文化,不仅能够增强全民族的海洋意识,还能提升国家的文化软实力和国际影响力。海洋文化建设应重点关注以下几个方面:深入挖掘和保护海洋文化遗产,包括物质文化遗产和非物质文化遗产,传承和发扬优秀海洋文化传统;加强海洋教育,在国民教育体系中融入海洋元素,提高全民海洋意识和海洋素养;发展海洋文化产业,如海洋主题文学、影视、艺术等,丰富海洋文化表现形式;加强海洋文化设施建设,如海洋博物馆、海洋科普基地等,为公众了解海洋提供平台。同时,要培育现代海洋精神,弘扬敢为人先、开拓进取的海洋精神。最后,还要加强海洋文化国际交流,讲好中国海洋故事,提升中国海洋文化的国际影响力。通过以上努力,形成富有特色的海洋文化体系,为海洋强国建设提供强大的精神动力和文化支撑。

以上五个领域——海洋经济、海洋安全、海洋生态、海洋科技和海洋文化——构成了海洋强国建设的基本框架。它们之间相互关联、相互支撑,海洋经济为其他领域提供物质基础,海洋安全为整体发展创造稳定环境,海洋生态是可持续发展的保障,海洋科技为各领域发展提供技术支撑,海洋文化提供精神动力。我们需要统筹兼顾这五个领域,实现协调发展,在发展海洋经济时要注重生态保护、推动科技创新,在加强海洋安全时要考虑对经济发展的影响,在发展海洋文化时要融入科技元素等。只有各领域协同推进,海洋强国建设的整体目标才能实现。

三、全球重要海洋国家/地区的建设重心

(一)海洋战略制定

放眼全球,海洋战略的制定和实施已成为世界各国,尤其是海洋大国,在全球竞争中谋求战略主动的重要举措。系统性的、自上而下的战略布局对于一国海洋发展具有重要指导意义,以美国、俄罗斯、日本、英国为代表的海洋国家已经持续制定了多项重要海洋战略规划。近些年,这些国家正开启新一轮战略转型,陆续提出了高质量的顶层发展战略,以超前的海洋经略意识、更先进的海洋管理理念,将更强大的科技、军事、政治力量扩展至国际公共海域、深海大洋和南北极,以促进本国海洋事业更快发展,提升全球海洋事务领域中的国家影响力。通过考察国外海洋战略的制定、发展历程和现状,我们可以更好地理解海洋战略在国家发展中的重要地位。

1. 美国

在马汉(Alfred Thayer Mahan)海权论的影响下,美国一直以海军建设作为海外扩张的首要工具[7]。20世纪60年代以来,美国政府非常重视制定以部门为导向的海洋政策,建构了一系列法律体系,制定了全面的海洋政策,建立起了权威的海洋治理与协调机制。

美国的海洋战略主要体现为对海洋空间的夺取,比如维护海洋航行和在其上空飞行的自由,反对沿海国家扩大管辖权的主张和倾向,不支持并反对将200海里的沿海区域划为各国领海管辖范围行使主权,不签署《联合国海洋法公约》,却发表了美国200海里专属经济区宣言和12海里领海宣言等,目的在于对海洋资源实行强化管理[8]。2009年,奥巴马政府酝酿提出"亚太再平衡"战略,与美国拓展海洋战略空间的内涵相契合,明确定

位了美国国家海洋战略的时空布局,体现了美国政府对未来很长一段时间海洋政策的规划性前瞻。2020年12月,美国海军、海军陆战队、海岸警卫队共同发布新的海洋战略《海上优势:通过一体化全域海军力量取胜》,阐述了美国海洋战略在大国竞争时代的发展方向,指明了核心是持续强化全球同盟体系,更加聚焦亚太地区,旨在与中国展开广泛深入的地缘政治角逐。

此外,美国政府通过法律、规划、报告等确立了海洋资源探索、开发、利用的国家战略。美国是目前国际上最大的能源消费国,油气资源对外依赖程度大。为此,美国政府实施了加紧开发、争夺国际市场的海洋资源战略,一方面加强海洋战略资源特别是油气资源的开发利用,加强北极外大陆架和国家石油战略储备基地阿拉斯加区域的石油探寻和开采工作。另一方面加紧争夺世界其他区域海洋战略资源,通过支持大型企业,进入世界主要海洋石油丰富区,如我国南海以及北极喀拉海区域等,共同投资石油开采设施。美国还以海洋生态环境和资源保护为名,加紧区域海洋战略资源的争夺,名义上是设立各种国家海洋保护区,实际上是扩大美国对该国际海域及其域下海洋油气资源的控制范围。在本国区域内,美国政府通过改善沿海基础设施、促进外来人口迁移和定居海岸城市、实施沿海区域税收优惠政策等,加快沿海区域的经济发展。为了缓解海洋环境污染问题,改善海洋生态环境,实现海洋资源的可持续利用,美国在资源开发利用过程中加强海洋和沿海生态环境的保护,出台一系列与海洋资源和生态环境保护相关的政策法规,健全海洋资源环境的管理机构[9]。

2. 俄罗斯

21世纪以来,随着综合国力和地缘政治格局的变化,俄罗斯海洋战略也发生了根本性的变化,由此前的维护国家安全、恢复国内经济,转为维护战略空间安全、服务国家发展战略,并致力于谋求地缘政治博弈的优势,实现海洋权益的最大化,目的在于恢复俄罗斯的海洋强国地位,保障国家社会和经济的发展以及长治久安[10]。

俄罗斯海洋强国战略的主要内容包括建设海洋经济强国、海军强国和海洋科技强国。其中，发展海洋经济是重点，具体表现为开发海底油气资源、发展海上航运业、布局渔业产业、复兴船舶工业和开展海洋科学研究等六大方面[11]。重振俄罗斯海军是支撑，俄罗斯提出要充分发挥海军在维护国家安全和发展利益中的作用[12]。

2022年7月31日，俄罗斯总统普京签署第三版《俄联邦海洋学说》，前两版分别于2001年、2015年颁布。该学说是制定国家海洋政策、指导海洋活动的纲领性文件，涵盖包括海军活动、海上交通、海洋科学和在大洋与近海领域开采矿产资源等重要事务。根据俄罗斯更广泛的国家安全战略和军事学说，该学说列出了海军和商业海上舰队的战略方向和目标，包括研究、开发、使用和保护世界海洋资源，捍卫俄罗斯主权和国家利益，确保世界贸易路线通行等措施。其中指出俄罗斯的主要优先事项是：加强俄罗斯在包括大陆架在内的北极海洋影响力，以及将北海航线运输走廊发展为在全球市场上具有竞争力的国家运输动脉。该学说还概述了俄罗斯海军的六个战略重点区域，包括北极、太平洋、大西洋（包括其范围内的波罗的海、亚速海、黑海和地中海）、里海、印度洋和南极海域。在这些领域，优先事项包括加强海军的能力、抵御对国家安全的威胁、改善指挥和控制，以及在相关情况下建立专业舰队——包括破冰船和搜救部队等。俄罗斯非常强调其在北极海域的海洋利益，这是因为北极地区对于俄罗斯海军自由进出大西洋和太平洋意义重大。此外俄罗斯需要强化其北极存在，才能维护大陆架上的油气资源安全。从2020年起，俄罗斯发布了《北方航道计划》《2035年前俄罗斯联邦北极国家基本政策》等，聚焦自然资源勘探以及国土安全相关技术，重点布局北极科学考察船建设。

3. 欧盟

自2007年以来，欧盟推行积极介入域外海洋事务的基本政策，核心目标是提高其在国际海洋事务中的地位和领导力，进而扩大"作为一个全球行为体"在国际体系中的政治影响力[13]。

第一，欧盟持续完善其综合海洋政策（integrated maritime policy, IMP）框架，旨在通过跨部门、跨领域的协调与合作，实现海洋资源的可持续利用与环境保护的双赢。这包括加强海洋空间规划、促进海洋科研与教育、提升海洋治理能力等方面的具体措施。此外，随着全球对绿色发展和数字化转型的重视，欧盟海洋战略也融入了这些元素。绿色发展方面，欧盟鼓励各成员国发展低碳航运、海洋可再生能源（如潮汐能、波浪能）以及可持续渔业，同时加强海洋生态保护与生物多样性维护。数字化转型则侧重于利用大数据、人工智能、物联网等先进技术提升海洋监测、资源管理、灾害预警等方面的能力。面对日益复杂的国际海洋安全形势，欧盟加强了成员国之间在海洋安全、海上执法、海盗打击及海上搜救等领域的合作，同时深化与北约等国际组织的协同，共同维护欧洲及周边海域的安全稳定。

第二，欧盟提出了蓝色经济行动计划，旨在通过政策激励、资金支持和技术创新，进一步推动海洋相关产业的发展。这些计划覆盖了从深海勘探、海洋生物技术到海洋旅游、蓝色金融等多个领域，力求打造具有国际竞争力的蓝色经济产业集群。此外，欧盟还认识到中小企业在推动蓝色经济创新中的重要作用，因此通过提供专项贷款、税收优惠、技术转移支持等措施，降低中小企业进入海洋经济领域的门槛，激发其创新活力。与此同时，欧盟积极寻求与其他国家和地区在蓝色经济领域的合作机会，通过签署双边或多边协议，促进技术交流、市场准入和资源共享。利用国际组织和多边平台，推动制定有利于蓝色经济发展的国际规则和标准。

第三，欧盟主张以生态系统的理念来管理人类对海洋环境的开发利用活动，认为对海洋资源的利用必须在"良好环境状况"的前提下，遵循风险预防原则[14]。为此，欧盟将海洋视为应对气候变化的关键领域之一，采取了一系列应对气候变化的海洋行动，通过实施海洋碳汇保护、减少温室气体排放、提升海洋生态系统韧性等措施，为全球气候治理贡献力量。面对全球海洋塑料污染问题，欧盟采取了一系列措施，包括限制一次性塑料制品的使用、推广海洋塑料回收与再利用技术、加强国际合作共同治理海洋塑料污染等。

综上所述，近年来欧盟在海洋战略的制定与实施上展现出了前瞻性和系统性，并通过不断深化综合海洋政策、推动蓝色经济创新发展、加强环境保护与气候变化应对等举措，提升其在国际海洋事务中的地位和领导力，同时为实现欧洲乃至全球的可持续发展贡献力量。

4. 日本

日本的海洋治理体系是由涉海的公共管理部门和私营部门联合组成的，其中，公共管理部门覆盖中央部门和地方政府，私营部门包括商业或工业实体、利益相关者组织、非政府组织以及学术界。近年来，日本积极推动新的海洋战略，体现了对海洋利益的全面重视和战略布局[15]。日本的海洋政策涵盖了政治外交、安全防卫、海上航行安全等传统安全领域，同时也包括渔业、矿产资源开发、海上运输业等海洋经济领域，以及防止海洋污染、保护海洋生物多样性、应对自然灾害等非传统安全领域，展现出全方位、多层次的特点。

海上力量的改革与扩充是日本海洋战略的重要支柱。2022年，日本出台的《防卫建设计划》进一步强化了日本的海上力量建设，为未来十年的军事发展设定了明确方向。日本海上自卫队进行了重大改革，将原有的"护卫舰队"和"扫海队"合并为"水上舰队"，旨在提升统一指挥能力和快速反应能力。同时，日本计划在未来十年内大幅增加水面舰艇数量，包括建造新的护卫舰、驱逐舰和潜艇等，这将显著提升日本的海上作战能力和存在感。

在海洋资源开发与利用方面，日本高度重视海底资源的开采，特别是稀土等关键矿产。2013年4月，日本政府通过了《海洋基本计划》，计划加强海洋资源调查，运用尖端技术推进资源开发产业化。2018年5月，日本发布新版《海洋基本计划》，整体布局未来五年的海洋政策和涉海事务。2023年，日本政府宣布，为强化海洋政策，将由时任日本首相岸田文雄"挂帅"制定"海洋开发重点战略"，内容包括自主式水下航行器（AUV）的国产化生产、小笠原群岛和南鸟岛及周边海域的开发等，以便获取稀土等资源。此外，日本在海洋微塑料、海上新能源、深海资源探测等领域也制定了较完善的政策法规，本国不断发展的海洋科技为相关政策的更新提供了重要支持。

国际合作与外交努力是日本海洋战略的重要组成部分。日本积极参与双边和多边海洋安全合作机制建设，与美国、澳大利亚等国在印太地区加强了安全合作和情报共享。同时，日本通过外交手段维护其海洋权益和战略利益。

总的来说，日本的海洋战略呈现出全面化、系统化的发展趋势，涵盖了军事、经济、环境和外交等多个领域。这一战略不仅反映了日本对海洋利益的深刻认识，也体现了其在地区和全球海洋事务中谋求更大影响力的战略意图。随着国际形势的变化和日本自身实力的增强，其海洋战略有望继续深化和发展，这对地区海洋格局的演变将产生深远影响。

5. 印度

对于印度而言，21 世纪无疑是"海洋世纪"，印度政府将海洋视为实现印度复兴的关键因素。近年来，印度的海洋战略呈现出全面化、系统化的发展趋势，主要围绕"印太战略"展开，并特别强调了印度洋作为其战略重心的重要性。印度海洋战略的演进反映了其对区域大国地位的追求和对海洋利益的深刻认识。

在战略定位与重心方面，印度将自身定位为印太地区的重要力量，致力于在该地区发挥更大的影响力。"印度洋重心"战略是其海洋政策的核心，体现了印度强化其在印度洋地区安全保障者角色的决心，以及深化与周边国家双多边海上安全合作的努力。这一战略定位不仅彰显了印度对区域安全的责任担当，也为其拓展地缘政治影响力奠定了基础[16]。2016年 1 月 25 日，印度发布《海洋安全战略》，指出印度北部边境地区以山地为主，要维护印度的经济和安全利益就必须扼守南部岛屿链，控制印度洋的海上战略航线。

印度的战略原则是"海域控制""海上威慑"和"远洋进取"相结合，战略支柱是建立一支强大的远洋蓝水海军[17]。鉴于此，印度近年来持续扩充海军军备，推动新一代舰艇下水服役，包括"鲉鱼"级潜艇、国产航母和隐形护卫舰等。同时，印度在印度洋地区广泛建立军事基地，如在毛里求斯的阿加莱加群岛建设机场码头、在米尼科伊岛上建立贾塔尤海军基地等，这些举措旨在增强其对重要海上通道的控制能力。

在其海洋安全战略中，一方面对包括海军在内的海上力量赋予了特殊的使命，另一方面也强调了政治、外交和军事手段的综合运用，以期达到最佳的战略效果[18]。印度积极推进多边合作机制，在印太框架和美日印澳"四边机制"下深化其与美日澳三国的战略合作和情报共享，借助外部力量增强其对印度洋的影响力。此外，印度通过签署"后勤保障协议"、推出"印太海域态势感知伙伴关系"等措施，加强与周边国家的安全合作，构建广泛的友伴网络，这不仅提升了其区域影响力，也为应对潜在安全挑战提供了战略支撑。

面对复杂的地区安全环境，印度制定了一系列应对策略。为应对领土争端、海上安全威胁和恐怖主义等挑战，印度加强了海上巡逻和监视能力，并深化了与周边国家的安全合作。同时，印度还致力于提升海洋治理能力，包括加强海洋环境保护、推动海洋科研与教育、提升海洋灾害预警和应对能力等，体现了其对海洋事务的全面关注。

总的来说，印度的海洋战略呈现出多元化、全方位的特点，涵盖了军事、外交、经济和环境等多个领域。这一战略不仅反映了印度对海洋利益的重视，也体现了其在地区和全球舞台上谋求更大影响力的战略意图。印度海洋战略的演进对于理解印太地区的地缘政治动态具有重要意义，同时也为其他国家制定海洋战略提供了有益的参考。

（二）海洋科技引领海洋高新产业发展

纵观全球，科技竞争已经成为影响全球海洋实力的关键变量。全球范围内基础海洋科学、应用海洋科学、海洋高新技术不断取得重大进步。联合国及相关国际组织、主要海洋国家加快制定和调整海洋科技规划，适应和引领向海科技的发展。2017 年，联合国教科文组织发布《全球海洋科学报告》，首次综合评估了当前全球海洋科学研究现状，指出现代海洋科学正表现出多学科交叉、研究目标宏大、投资强度大、装置大型化等鲜明的大科学研究特点。为推动落实联合国"2030 年可持续发展议程"的目标，联合国大会将 2021 年至 2030 年定为"联合国海洋科学促进可持续发展十年"（以下简称"海洋十年"），并通过了具体实施计划。

近年来，世界主要海洋国家纷纷制定了海洋科技发展的战略规划，以支撑各自的海洋战略实施。美国、英国和日本作为典型代表，在海洋科技领域的战略布局尤为突出，这也为我国海洋科技发展和海洋战略实施提供了重要参考。

美国在海洋科学研究方面展现了系统性和前瞻性的战略规划。通过国家科学基金会（NSF）、国家研究理事会（NRC）、国家科学技术委员会（NSTC）、国家海洋和大气管理局（NOAA）等机构的协同努力，美国制订了一系列重要的研究方向和战略计划。这些计划包括 NRC 的《海洋变化》报告，提出了未来十年的八大关键科学问题；NOAA 的《下一代战略计划》，聚焦气候变化、海洋健康和海岸社区恢复力等领域；2018 年由 NSTC 发布的《美国海洋科学与技术：十年愿景》是一份尤为重要的文件[19]，它不仅确定了 2018—2028 年美国海洋科技发展的迫切需求与发展机遇，还明确提出了未来十年的目标与优先事项。这份计划强调了海洋科技在促进经济发展、保障国家安全、保护海洋环境以及推动科学研究等方面的重要作用。此外，美国代表性的海洋战略还包括 2004 年的《美国海洋行动计划》、2007 年的《绘制美国未来十年海洋科学路线图：海洋研究优先计划及实施战略（2007）》、2013 年的《北极地区国家战略》等，这些不仅涵盖了广泛的社会主题和科研重点，还强调了人类与海洋的相互作用。

此外，美国在可再生能源、海水淡化、海军力量建设、北极研究等方面制定了一系列专项规划。例如,2019 年发布的《以加强水安全为目标的海水淡化统筹战略规划》,2020 年提出的《海上优势:通过一体化全域海军力量取胜》,以及 2021 年发布的《蓝色北极——北极战略蓝图》等。这些规划涵盖了海洋观测网络、海洋资源勘探和开发、海上运输、海洋安全防务、海洋灾害预防等多个领域的装备及技术发展[20]。

英国则更加注重海洋工程科技方面的战略规划。2018 年,英国政府科学管理办公室发布的《预见未来海洋》报告,从海洋经济发展、环境保护、全球合作和海洋科学四个维度全面阐述了英国海洋战略的现状和未来需求。英国还在绿色智能船舶、海洋可再生能源、海洋监测等领域提出了具体发展目标。例如,英国运输部 2019 年发布的《海事战略 2050》提出将英国打造成试验和开发自主船舶的最佳场所,并尽快实现零排放航运。其具体目标包括:到 2025 年,所有用于英国水域的新船都被设计为零排放船舶;到 2035 年,零排放燃料将在英国得到广泛应用;到 2050 年,英国国内航运将实现净零排放。

在可再生能源方面,英国商业、能源和工业战略部 2020 年公布的"绿色工业革命 10 点计划"提出,政府将投资 120 亿英镑,重点发展海上风电、氢能和绿色航运等,承诺至 2030 年实现全民使用海上风电,海上风电的发展目标将从 30 吉瓦提升到 40 吉瓦。2022 年发布的《英国能源安全战略》进一步阐述了加快风能、先进核能、太阳能和氢能等清洁能源部署的相关举措,目标是 2030 年实现国内 95% 的电力来自低碳能源,2035 年实现电力系统的完全脱碳[21]。

日本的海洋科技发展目标是长期引领亚洲和世界,发展重点包括绿色智能新型船舶研发、国家安全保障装备等。在海洋装备绿色化发展方面,日本计划到 2030 年安装 10 吉瓦海上风电装机容量、到 2040 年实现 30～45 吉瓦的发展目标。在船舶领域,日本计划在 2025—2030 年实现零排放船舶的商用,到 2050 年将现有传统燃料船舶全部转化为氢、氨、液化天然气(LNG)等零碳低碳燃料动力船舶。

2020年，日本经济产业省在《绿色增长战略》中指出要重点发展海上风电、船舶等在内的14个产业。同年发布的《2050年碳中和的绿色增长战略》进一步强调了船舶新燃料及技术开发领域，制订了船舶产业实施计划和2050产业发展路线图，提出重点研发以LNG、氢、氨为主的新燃料船舶。

在深远海装备方面，日本提出稳步推进北极和深海装备的研发应用。2016年发布的《北极研究中长期计划（2016—2025）》指出重点开发无人探测器以及海冰冰下仪器等。2020年，日本内阁府发布的《创新的深海资源研究技术》提出了关于深海资源开发技术的研究开发计划。

在安全保障方面，日本海洋政策从"基础开发"转向"动态防卫"。2018年发布的《海洋基本计划》提出加强以领海警备和岛屿防御为主的海洋维权以及加大海洋防灾减灾力度，确保日本在海洋安全形势日益严峻背景下的海洋权益保护。

这些发达海洋国家的共同特点是积极布局海洋新兴产业，高度重视人工智能、物联网、大数据、信息技术及3D打印为基础的智能技术与海洋开发活动的结合。它们重点发展颠覆性海洋无人自主船舶、低成本智能感应器、深潜机器人、水下云计算等技术，旨在提升海洋开发和管理能力[22]。

总的来说，美国、英国和日本等发达海洋国家在海洋科技发展战略规划方面表现出前瞻性、系统性和针对性。它们不仅关注传统海洋产业的转型升级，还积极布局新兴海洋产业和前沿技术[23]。同时，这些国家的规划都强调了可持续发展，重视海洋环境保护和气候变化。这些战略规划为我国制定海洋科技发展战略和培养海洋战略人才提供了重要的参考和借鉴。

（三）全球海洋治理

在全球海洋治理中，多个国家和地区发挥着重要作用。在国际层面，目前联合国是全球海洋治理的重要参与者，通过规则、制度、管理推进全球海洋治理进程。从20世纪70年代开始，联合国环境规划署（UNEP）就建立了海洋污染解决的区域合作路径,此外联合国海洋区域网络(UN-Oceans)、UNEP、国际海事组织(IMO)下设的海洋环境保护委员会等机构与组织也多方位参与了全球海洋治理活动。

在区域层面,欧盟提出了三个全球海洋治理的领域,包括改善国际海洋治理框架、为海洋的可持续发展创造条件、加强对海洋的研究与数据整合工作。波罗的海区域的海洋环境合作治理制度较为完善,提出了《保护波罗的海区域海洋环境公约》;东北亚区域共有五个关于海洋环境的合作机制,包括两个海洋环境专项机制——西北太平洋行动计划(NOWPAP)、黄海大海洋生态项目(YSLME),以及三个综合性环境合作机制——东北亚地区环境合作会议(NEAC)、东北亚次区域环境合作项目(NEASPEC)以及中日韩环境部长会议(TEMM)。

美国虽未批准《联合国海洋法公约》,但仍积极参与国际海洋组织,如国际海事组织和国际海底管理局。美国还推动区域海洋合作,如太平洋岛国论坛,并致力于海洋环境保护和打击非法捕捞活动。欧盟作为一个整体,大力支持国际海洋法律框架,推动海洋生物多样性保护,在气候变化谈判中强调海洋的重要性,并致力于可持续渔业管理。

日本作为海洋国家,在国际海洋科学研究中发挥重要作用,积极推动区域海洋合作,如东亚海域环境管理伙伴关系。日本还在国际捕鲸委员会等组织中发挥重要作用,并参与全球海洋塑料污染治理。挪威作为传统海洋国家,在全球推广其可持续渔业管理经验,积极参与北极治理,推动深海采矿规则制定,并参与海洋污染防治。

澳大利亚作为一个被海洋环绕的大陆国家,在全球推广其大堡礁保护经验,积极参与南极治理,在区域渔业管理组织中发挥重要作用,并推动海洋科学研究国际合作。

这些国家和地区的积极参与,共同推动了全球海洋治理的发展,为解决海洋问题、促进海洋可持续发展做出了重要贡献。

（四）海洋文化教育

当今世界，全球范围内越来越多的国家认识到海洋文化教育在国家发展中的重要性，并采取了多样化的措施来发展海洋文化。这种趋势不仅体现了各国对海洋资源和海洋权益的重视，更反映了它们对海洋文化软实力的深刻理解。

以日本为例，作为一个岛国，海洋文化深深根植于其国民意识中。日本政府将海洋教育纳入学校课程体系，从小学到高中都有相关内容，旨在从小培养国民的海洋意识。同时，日本还非常重视传统捕鱼技术、造船技艺等海洋文化遗产的保护和传承，并设立了"海之日"这样的国家法定假日，通过全国性的庆祝活动来强化国民的海洋文化认同。

挪威作为传统海洋国家，同样高度重视海洋文化的传承和发展。该国建立了众多海洋主题博物馆，如奥斯陆的挪威海事博物馆，定期举办海洋文化节，展示传统造船技术和航海技能。挪威还在学校课程中融入海洋教育，并大力支持开展海洋历史、海洋文学等领域的学术研究，全方位推动海洋文化的发展和传播。

美国作为海洋大国，其海洋文化建设也颇具特色。NOAA推出了全面的海洋素养教育计划，旨在提高全民的海洋意识。此外，美国还建立了国家海洋保护区系统，既保护海洋生态，也保护海洋文化遗产。在沿海地区建立的多个海洋文化中心，以及对海洋主题艺术创作的支持，都体现了美国在海洋文化建设上的努力。

澳大利亚作为被海洋环绕的大陆国家，在海洋文化建设中特别注重保护和传承原住民的海洋文化传统。澳大利亚政府在国民教育体系中融入海洋教育内容，保护和展示包括沉船在内的海洋文化遗产，并设立专门的海洋文学奖项，鼓励开展海洋主题的文学创作，全面推动海洋文化的发展[24]。

这些国家普遍采取在教育体系中融入海洋元素、保护海洋文化遗产、支持海洋文化创作、举办海洋文化活动等措施。这种对海洋文化的重视，不仅有助于培养国民的海洋意识，也为国家的海洋战略提供了文化支撑。

通过分析上述重要海洋国家/地区建设的五大关键领域，我们深刻认识到，现阶段海洋事业的复杂性、系统性和跨学科性决定了单一类型的专业人才已无法满足海洋强国建设的多元需求。为了全面推进海洋强国战略的实施，满足这五大领域的多维度需求，我们必须构建一个多层次、多类型、高度协同的海洋人才体系。基于对国内外海洋人才发展趋势的深入研究和实践经验的系统总结，我们认识到，海洋强国建设至少需要海洋战略、海洋高技术、海洋国际和海洋文化教育这四类关键人才作为核心支撑。这四类人才各具特色，又相互关联，共同构成了海洋人才队伍的战略框架，为海洋强国建设提供了全方位、多层次的智力支持和人才保障。

第二章

我国海洋战略人才建设的现状、问题与对策

本章旨在全面阐述我国海洋战略人才建设的重点、现状、问题与对策。首先,我们将深入探讨海洋战略人才的使命与职责,明确他们在国家海洋战略实施中的关键作用和重要地位。其次,本章将聚焦三类重点需要建设的海洋战略人才:海洋战略科学家、海洋战略科技管理人才和海洋军事战略人才,详细分析这三类人才在海洋科技创新、海洋经济发展、海洋权益维护等领域应如何发挥作用,以及需要具备的核心素养和能力。再次,本章将客观评估我国海洋战略人才建设的现状,深入剖析存在的主要问题。最后,基于前述分析,提出一系列有针对性的对策建议,以期为我国海洋强国战略的实施提供坚实的人才支撑。

一、海洋战略人才的使命与职责

海洋战略人才的使命和职责可以从以下几个深层次和角度进行阐述。

(1) 国家海洋战略的制定者和推动者。

海洋战略人才是我国海洋强国建设的顶层设计者。他们具备宏观战略思维和全局视野,能够准确把握国际海洋形势,深入理解国家海洋利益,制定符合国家长远发展的海洋战略。这些人才能够在国家层面统筹协调海洋经济、生态、安全等多个领域,为海洋强国建设提供整体性、系统性的战略规划和政策建议,推动海洋强国战略的有效实施。

（2）复杂海洋问题的系统性解决者。

海洋强国建设面临的问题往往具有复杂性和综合性。海洋战略人才拥有跨学科、跨领域的知识结构和思维方式，能够从系统的角度分析和解决复杂的海洋问题，能够平衡经济发展与生态保护、资源开发与环境保护、国家安全与国际合作等多重目标，为海洋强国建设中的重大决策提供全面、科学的解决方案。

（3）海洋危机的应急决策者。

在面对复杂多变的国际海洋形势和各种潜在的海洋危机时，海洋战略人才扮演着关键的决策者角色。他们具备快速分析形势、评估风险、制定应对策略的能力。无论是海洋权益争端、重大海洋生态灾害，还是海上突发事件，海洋战略人才都能够提供及时、专业的决策建议，最大限度地维护国家海洋利益和安全。

（4）海洋人才体系的顶层设计者。

海洋战略人才不仅自身发挥着重要作用，更是整个海洋人才生态系统的设计者和引领者。他们能够从国家战略高度出发，规划和设计符合海洋强国建设需求的人才培养体系。通过制定人才发展战略、创新人才培养机制、优化人才发展环境，海洋战略人才推动多层次、多类型的海洋人才队伍建设，为海洋强国建设提供持续的人才支撑。

综上，海洋战略人才在海洋强国建设中发挥着不可替代的作用，是连接国家战略与具体实践、统筹各领域发展的关键力量。他们的存在和发挥的作用，直接关系到我国海洋强国建设的整体推进和最终实现。

二、我国海洋战略人才建设的重点方向

（一）战略科学家

党的二十大报告指出，加快建设国家战略人才力量，努力培养造就更

多大师、战略科学家。习近平总书记强调,要大力培养使用战略科学家,坚持实践标准,在国家重大科技任务担纲领衔者中,发现具有深厚科学素养、长期奋战在科研第一线,视野开阔,前瞻性判断力、跨学科理解能力、大兵团作战组织领导能力强的科学家。

从历史的视角来看,战略科学家在国家科技发展的关键时期扮演了决定性的角色。新中国科技事业在一穷二白的基础上进行第一次跨越时,正是一批兼具一流教育背景、深厚科研功底、全局观念和前瞻判断力的战略科学家,在国家重大战略决策、开辟发展新赛道等方面做出了重大判断,提供了有力支撑。这一点在多个历史性事件中得到了充分的体现。

20 世纪 80 年代,科学技术前沿孕育着一系列新的重大突破,高技术及高技术产业已成为大国竞争的主要手段。1986 年 3 月 3 日,王大珩、王淦昌、杨嘉墀、陈芳允四名科学家联名向中央领导递交了《关于跟踪研究外国战略性高技术发展的建议》。3 月 5 日,邓小平同志做出批示,责成国务院有关负责人具体落实。根据邓小平的批示,1986 年 4 月至 9 月,国务院部署、组织了几百名专家,进行调查论证,在充分论证的基础上,制定并实施了《高技术研究发展计划纲要》,部署高技术发展战略,于 11 月 18 日发布。这标志着四位科学家所倡导的国家高技术研究发展计划正式开始实施。由于这一计划的建议和邓小平的批示都是在 1986 年 3 月,因此其被称作"863"计划。该计划是旨在以前沿技术研究发展为重点,统筹部署高技术的集成应用和产业化示范,充分发挥高技术引领未来发展的先导作用的战略性科技发展计划。该计划的实施推动了中国信息技术等众多领域的技术在那个国际竞争日益激烈的背景下迅速发展,并对中国科技创新事业发展产生了深远影响,也从侧面展现了战略科学家在国家科技发展方向上的前瞻性判断和重要影响力。

1992 年的中国,汽车还比较少见,汽车普及尚属愿景阶段。然而,钱学森凭借其深厚的科学素养和对国际科技趋势的敏锐洞察,预见未来汽车工业的发展趋势和面临的挑战。他意识到,随着全球石油资源的日益紧张和环境污染问题的加剧，传统汽油和柴油汽车将难以持续满足社会发展的需求。他呼吁国家立即制订蓄电池能源汽车的研发计划，组织力量进行攻关，以抢占新能源汽车发展的先机。这一建议为我国新能源汽车的发展奠定了重要的思想基础。在随后的几十年里，我国不断加大对新能源汽车的投入和研发力度，取得了显著的成果。如今，我国已成为全球最大的新能源汽车生产和销售国。这一经典事例充分体现了战略科学家在开辟国家科技发展新赛道方面的关键作用。

在国际舞台上，战略科学家的影响力同样举足轻重。1939 年 8 月，爱因斯坦致信美国总统罗斯福，建议美国应在德国之前利用铀核裂变造出原子弹。这一建议直接促成了 1942 年 12 月美国启动的"曼哈顿计划"。这些历史事例清晰地表明，大国权势的转移更替往往与各国卓越科学家群体的成长与发展紧密相关[25]。战略科学家不仅仅是科技创新的引领者，更是国家发展战略的重要参与者和推动者。

战略科学家在重大科技任务的实施路线设计中的作用同样关键。我国人造卫星和深空探测开拓者孙家栋提出的中国月球探测三阶段方案，就是一个典型的例子。他明确了中国月球探测的发展方向、目标和路线图，并对工程各大系统的技术途径做出重要决策。这种长远规划为国家重大科技项目指明了方向。

在组织"关键之战"方面，战略科学家展现出卓越的领导和组织能力。我国科学家黄大年和中国"天眼之父"南仁东的事迹就是生动的例子。他们能够针对重大科技攻关项目、重大科技基础设施建设等复杂的系统性工程，组织并领导跨学科、跨领域、跨机构、管理与技术人才兼具的大型攻关团队。

在当代海洋强国建设的背景下，战略科学家的以上这些特质显得尤为重要。独特的战略思维和前瞻视野使他们能够站在国家战略高度，综合考虑全球海洋格局演变、科技发展趋势、国家安全需求等多重因素，对海洋发展的长远趋势做出准确判断。此外，海洋领域的复杂性决定了单一学科的知识无法应对多元化的海洋挑战,因此更需要战略科学家整合海洋科学、海洋工程、海洋经济、海洋法律、海洋生态等多学科知识,系统分析和解决复杂的海洋问题,提出全面、可行的解决方案,为国家海洋战略的制定和实施提供科学依据。

海洋战略科学家通常具有广阔的国际视野和深厚的国际影响力。他们活跃于国际学术前沿,熟悉全球海洋科技发展动态和国际海洋治理趋势。这使得他们能够在国际海洋事务中为国家利益发声,提升国家在全球海洋事务中的话语权和影响力。同时,他们也是国际海洋科技合作的重要桥梁,能够推动国际科技交流与合作,为我国海洋科技的发展引入先进理念和技术。

在决策咨询方面,海洋战略科学家也发挥着重要作用。他们能够将复杂的海洋科技问题转化为清晰的政策建议,为国家海洋战略决策提供高质量的智力支持。在面对重大海洋权益争端或突发海洋危机时,战略科学家的建议往往能够为国家制定应对策略提供关键性的参考。

海洋战略科学家作为引领海洋科技创新和海洋事业发展的高层次复合型人才,需要具备以下五方面的素养。

第一,使命感和责任感是海洋战略科学家的根本动力。在当前国际竞争日益激烈的背景下,海洋战略科学家必须以国家海洋科技自立自强作为核心目标。他们需要具备深厚的家国情怀,将个人的科研目标与国家的战略需求紧密结合。这种使命感驱使他们致力于突破关键核心技术,解决"卡脖子"问题,提升我国海洋科技的原始创新能力。同时,对于海洋生态环境面临的挑战,海洋战略科学家还需要担负起保护海洋环境、推动可持续发展的重要责任。这种强烈的使命感和责任感是他们在面对困难和挑战时能够坚持不懈的内在动力。

第二,宏观视野是海洋战略科学家制定战略决策的关键能力。海洋领域涉及面广,包括科技、经济、政策等多个方面。海洋战略科学家需要具备宏观思考能力,能够从整体全局出发,把握海洋发展的大趋势。这种宏观视野使他们能够在制定战略时,综合考虑科技创新、产业发展、国家安全等多个因素,做出全面而科学的判断。例如,在推动海洋经济高质量发展上,他们需要能够评估不同技术路线,选择合适的突破方向,合理配置有限资源,以实现战略效益最大化。这种宏观视野还体现在他们能够将海洋战略与国家整体发展战略相结合,确保海洋科技创新服务于国家重大战略需求。

第三,前瞻性思维是海洋战略科学家引领创新的核心素养。面对快速变化的全球海洋科技格局,海洋战略科学家需要具备洞察未来的能力。他们需要能够预见科技发展趋势,把握科技创新规律,在深海、极地等前沿领域提前布局。这种前瞻性思维使他们能够引领科技型企业等产学研用创新主体,打好关键核心技术攻坚战。例如,在海洋新兴产业发展方面,他们需要能够识别未来的增长点,提前进行技术储备和人才培养,为国家赢得发展先机。

第四,跨学科整合力是海洋战略科学家解决复杂问题的关键能力。海洋科学是一个高度综合的领域,涉及物理、化学、生物、地质、工程等多个学科。海洋战略科学家需要具备跨学科知识整合的能力,能够从系统的角度分析和解决复杂的海洋问题。这种能力使他们能够在创新链上领导和组织科技活动,推动"科学—技术—生产"一体化发展。例如,在海洋环境保护与资源开发的平衡中,他们需要综合运用生态学、经济学、工程学等多学科知识,提出兼顾环境保护和经济发展的解决方案。

第五,国际视野是海洋战略科学家参与全球竞争与合作的必备素养。在全球化背景下,海洋科技创新和海洋治理都需要国际合作。海洋战略科学家需要具备广阔的国际视野,熟悉全球海洋科技发展动态和国际海洋治理趋势。国际视野使他们能够在国际海洋事务中为国家利益发声,提升国家在全球海洋事务中的话语权和影响力。同时,他们还需要具备推动国际科技合作的能力,积极参与全球海洋科技创新网络,为我国海洋科技发展引入先进理念和技术。例如,在应对全球气候变化等共同挑战时,海洋战略科学家需要能够推动国际合作,共同开展科学研究和技术创新。

综上所述,使命感和责任感、宏观视野、前瞻性思维、跨学科整合力以及国际视野这五个方面的素养,构成了海洋战略科学家的核心能力体系。具备这些素养的海洋战略科学家,将为我国在全球海洋科技竞争中赢得主动权,实现海洋科技自立自强的目标提供强有力的人才支撑。

(二) 战略科技管理人才

当前,海洋科技领域重大科技项目往往涉及范围广、相关要素多、工程周期长、协调难度大,是典型的复杂巨系统。在项目实施过程中不仅需要硬件方面的技术基础、资源整合、设施配套,还需要高质量的规划论证、科学决策、组织协调、风险控制,因此,需要既懂技术又懂管理,既懂科学又懂战略,能够把握海洋科技创新规律和技术发展趋势,聚焦重大科技任务的把控与组织实施,在其中发挥战略性影响和决定性作用的战略科技管理人才。

战略科技管理人才主要分为两类:一是政府科技管理部门的主管领导;二是科技型企事业单位中从事重大科技任务管理的主要负责人,比如高校、科研院所、国家实验室、国家技术创新中心、科技型企业的主管领导等。

战略科技管理人才的重要性主要体现在以下几个方面。

第一,战略科技管理人才是海洋科技战略规划的制定者和实施者。这类人才具备宏观思维和战略眼光,能够准确把握国家海洋发展战略需求和全球海洋科技发展趋势,能够制定符合国家利益和海洋科技发展规律的中长期发展规划,为海洋科技创新指明方向。同时,他们也负责将战略规划转化为具体的行动计划,并监督实施过程,确保战略目标的实现。

第二,战略科技管理人才是海洋科技资源的整合者和优化配置者。在海洋科技创新过程中,人才、资金、设备、信息等各类资源的合理配置至关重要。这类人才能够全面掌握海洋科技领域的资源分布情况,根据战略目标和任务需求,进行科学的资源配置和优化组合。他们能够打破部门壁垒,促进产学研用深度融合,最大化发挥有限资源的创新效能。

第三,战略科技管理人才是海洋科技项目的组织管理者。随着海洋科技项目的规模和复杂度不断增加,有效的项目管理成为确保科研成果产出的关键。战略科技管理人才具备先进的项目管理理念和方法,能够组织和协调跨学科、跨部门、跨领域的大型科研团队,有效控制项目进度、质量和成本,推动重大科技项目的顺利实施。

第四,战略科技管理人才是海洋科技创新体系的建设者和完善者。他们深刻理解科技创新规律,能够设计和构建适应海洋科技特点的创新体系。这包括建立健全科技评价机制、成果转化机制、人才培养机制等,为海洋科技持续创新提供制度保障。

第五,战略科技管理人才是海洋科技国际合作与交流的推动者。在全球化背景下,海洋科技发展需要广泛的国际合作。战略科技管理人才具备国际视野和跨文化交流能力,能够策划和组织国际科技合作项目,推动国际学术交流,促进海洋科技领域的开放创新。

结合以上几方面,我们认为,海洋战略科技管理人才需要具备以下几方面核心素养。

第一,科技资源整合与优化配置能力。海洋战略科技管理人才需要具备高超的资源整合和优化配置能力。他们应该能够全面把握海洋科技领域的各类资源,包括人才、资金、设备和信息等,并根据战略目标和任务需求进行科学配置和组合。例如,在我国深海探测技术的发展过程中,管理人才需要整合来自海洋工程、材料科学、信息技术等多个领域的资源,协调国家深海基地、海洋研究所、高校实验室以及相关企业的力量,优化配置"蛟龙"号、"奋斗者"号等深潜器的研发资源,确保项目高效推进。

第二,跨领域项目管理与协调能力。海洋科技项目往往涉及多个学科和部门,战略科技管理人才需要具备强大的跨领域项目管理和协调能力。他们应该能够设计科学的项目管理流程,协调不同背景的团队成员,有效控制项目进度、质量和成本。比如,建设"海洋牧场"涉及海洋生态学、渔业科学、环境工程等多个领域,管理人才需要协调海洋渔业部门、环保部门、科研机构和当地政府等多方力量,制定合理的建设方案,平衡生态保护和经济发展的需求,确保项目的可持续发展。

第三,科技成果转化与产业化推进能力。将海洋科技成果转化为现实生产力是管理人才的重要职责。他们需要具备敏锐的市场洞察力,能够识别有潜力的科技成果,并推动其产业化。这包括制定技术转移策略、搭建产学研合作平台、协调知识产权事务等。如海洋生物医药领域,管理人才需要协调科研机构、制药企业和监管部门,推动临床试验的开展,加快新药审批流程,最终实现科技成果的商业化。

第四,科技创新体系建设与完善能力。战略科技管理人才应该能够设计和构建适应海洋科技特点的创新体系。这包括建立健全科技评价机制、成果转化机制、人才培养机制等,为海洋科技持续创新提供制度保障。以我国海洋观测网络的建设为例,管理人才需要设计一个包含数据采集、传输、存储和分析的完整创新体系,协调气象、海洋、通信等多个部门,建立跨部门的数据共享机制,制定统一的技术标准,并建立长效的运维机制,确保观测网络的持续运行和创新。

第五,国际合作与科技外交推进能力。在全球化背景下,海洋科技发展需要广泛的国际合作。战略科技管理人才需要具备国际视野和跨文化交流能力,能够策划和组织国际科技合作项目,推动国际学术交流,同时在国际合作中维护国家利益。比如,在应对气候变化的国际合作中,管理人才需要组织和协调我国参与全球海洋碳汇研究计划,与国际组织如政府间气候变化专门委员会(IPCC)进行沟通,组织我国科学家参与国际联合考察,协调数据共享事宜,同时确保我国在相关国际规则制定中的话语权。

通过强化这些方面的能力,海洋战略科技管理人才可以更好地发挥其在海洋科技创新体系中的组织者、协调者和推动者角色,为海洋强国建设提供有力的管理支撑。

（三）战略军事人才

当前，中国正处于和平发展与崛起的关键时期，所面临的战略环境十分严峻，一方面，美国增强亚太军事存在，构建对华战略包围；另一方面，我国海洋主权在东海及南海等处面临多重严峻挑战。海洋军事战略人才是国家海洋安全和海军建设的核心智囊，是推动海洋强国战略实施的关键力量，其重要性主要体现在以下五个方面。

第一，战略规划与决策。海洋军事战略人才在国家海洋安全和发展战略中扮演着核心角色。他们站在国家和军事战略全局的高度，对海洋军事战略问题提出宏观思路和整体策略。这些人才能够深入分析国际海洋格局的变化，准确把握国家海洋利益的核心诉求，为国家制定科学合理的海洋军事战略提供关键性的智力支持。例如，在应对南海问题时，他们能够综合考虑国际法、地缘政治、军事实力等多重因素，提出既维护国家主权又避免产生军事冲突的战略方案。他们的战略规划和决策能力直接影响国家海洋权益的维护和海军现代化建设的方向。

第二，军事行动的组织与指挥。在复杂多变的海洋环境中，海洋军事战略人才负责海洋军事事务的组织筹划、指挥协调和领导管理。他们能够根据战略目标，制订具体的作战计划，协调各种军事力量，确保作战行动的有效实施。在进行远海训练或反海盗等行动时，他们需要统筹考虑舰队编组、后勤补给、国际法规等多方面因素，确保行动的顺利进行。他们的组织指挥能力直接关系到海军行动的成败，是确保国家海洋安全和维护海洋权益的关键。

第三，军事科技创新的引领。海洋军事战略人才在推动海军科技创新方面发挥着重要作用。他们深入研究海洋军事科技的发展趋势，把握信息化、智能化战争的特点，为海军武器装备的研发和升级提供战略性指导。在发展航母战斗群、无人作战系统等新型作战力量时，他们能够从战略层面提出需求，推动军事科技创新。他们的前瞻性思维和创新能力，对提升海军的现代化水平和作战能力至关重要。

第四，国际海洋安全合作的推动。在全球化背景下，海洋军事战略人才在推动国际海洋安全合作中发挥着重要作用。他们具备国际视野和外交能力，能够在国际军事交流、联合演习、海上反恐等领域推动合作，增进与他国海军的互信。例如，在组织国际性海上演习时，他们能够既展示我国海军实力，又促进国际合作，用外交智慧和协调能力构建有利于我国的国际海洋安全环境。

第五，海洋危机的管控与应对。面对日益复杂的海洋安全形势，海洋军事战略人才在危机管控和应对方面发挥着关键作用。他们能够快速分析海上突发事件，评估潜在风险，制定应对策略。在处理海上领土争端或应对海上自然灾害时，他们能够权衡军事、外交、经济等多重因素，提出综合性解决方案。他们的危机管理能力，是维护国家海洋权益和地区稳定的重要保障。

正因为海洋军事战略人才如此重要，所以他们应具备下面几方面的核心素养。

第一，政治素养与道德品格。海洋军事战略人才必须具有坚定的政治立场、高度的政治觉悟和良好的道德品格。他们需要对党忠诚、对国家忠诚、对人民忠诚，具有很强的责任感和使命感。这种政治素养和道德品格体现在他们能够始终站在国家利益的高度思考问题，能够在复杂的国际环境中坚持原则，维护国家尊严和利益等方面。

第二，战略思维与全局观念。海洋军事战略人才必须具备很强的战略思维能力和全局观念。这要求他们能够从海洋战略全局和国家发展全局出发，透过复杂的表象把握本质，预见未来发展趋势。他们需要运用系统思维，将海洋军事问题置于国家总体安全和发展战略的框架内考虑，平衡短期利益和长远发展之间的关系。在制定海军发展战略时，他们不仅要考虑军事需求，还要考虑国家经济实力、科技水平、国际关系等多重因素，能够提出前瞻性、整体性的海洋军事战略构想，为国家海洋权益的维护提供长远指导。

第三，专业知识与技能储备。海洋军事战略人才需要具备广博的专业知识和深厚的技能储备。这包括深入的军事理论知识，特别是海上战争的特点、海军战略的演变、海上力量的运用等方面的专业知识。同时，他们还需要掌握现代信息技术、国际关系、国际法等跨学科知识。比如：他们需要熟悉国际海洋法，了解各种海上武器装备的性能和使用，掌握海洋环境对军事行动的影响等，以便能够在复杂的海洋军事环境中做出科学的决策，制定有效的战略。

第四，创新能力与前瞻性思维。面对快速革新的海洋军事技术和战略环境，海洋军事战略人才必须具备很强的创新能力和前瞻性思维，能够突破传统思维模式，提出新的作战理念和战略思想。例如，在发展远海防卫能力时，他们需要创新性地思考如何结合新技术提升海军的远程投送和持续作战能力，引领海军建设和发展的方向，确保海军始终保持战略优势。

第五，领导力与决策能力。作为高层次军事人才，海洋军事战略人才必须具备卓越的领导力和果断的决策能力。他们需要能够在复杂的海上军事行动中，有效指挥和协调各种力量，做出正确的战略决策。这种能力体现在能够凝聚团队力量，激发下属潜能，在压力下保持冷静判断，在关键时刻做出果断决策等方面。在处理海上突发事件时，他们需要能够迅速评估形势，权衡各种方案，并果断做出决策，确保海军高效运转并成功完成任务。

通过强化这些关键作用、培养核心素养，海洋军事战略人才将能够更好地应对复杂的国际海洋安全环境，并在国家走向海洋、建设海洋强国的历史进程中发挥不可替代的关键作用。

三、我国海洋战略人才建设的现状和不足

（一）我国海洋战略规划的总体情况

我国"十一五"期间曾经出台《国家海洋事业发展规划纲要》，"十二五"

"十三五""十四五"期间分别出台过《国家"十二五"海洋科学和技术发展规划纲要》《全国海洋经济发展"十三五"规划》《海洋观测预报和防灾减灾"十三五"规划》《全国科技兴海规划(2016—2020年)》《"十四五"全国海洋生态环境保护规划》《关于促进海洋经济高质量发展的实施意见》,国家发展和改革委员会、国家海洋局制定并发布《"一带一路"建设海上合作设想》《海洋可再生能源发展"十三五"规划》《全国海水利用"十三五"规划》,工业和信息化部也颁发过《船舶配套产业能力提升行动计划(2016—2020年)》等,此外各沿海省市也陆续有规划出台。最新的《"十四五"海洋经济发展规划》中明确了未来五年我国海洋经济发展的总体思路、主要目标和重点任务,是指导我国海洋经济发展的重要文件。

近年来,我国的海洋战略呈现全面、深入和多元化的发展态势,体现了国家对海洋事业的高度重视和战略布局。这一战略涵盖了经济、生态、科技、安全和国际合作等多个领域,展现出系统性和前瞻性的特点。

在海洋经济发展方面,我国将海洋视为高质量发展的战略要地,明确提出了发展海洋经济、保护海洋生态环境、加快建设海洋强国的目标。政府通过一系列政策、措施支持海洋产业发展,如支持海洋科技创新、壮大海洋新兴产业、建设"蓝色粮仓"等。这些努力助力中国在海水养殖、远洋捕捞、海洋油气资源开发等领域取得了显著成效,海洋经济对国民经济的贡献率不断提升。

海洋生态环境保护是提升经略海洋能力的基础和前提,也是我国海洋战略的一个重要方面。我国不断完善海洋生态环境保护的法律法规体系,如新修订的《中华人民共和国海洋环境保护法》,为海洋生态环境保护提供了制度保障,同时还加大了海洋自然资源与生态环境司法保护力度,实施海洋生态修复项目,推动海洋生态环境的持续改善。

在海洋科技创新方面,我国不断增加投入,支持海洋科技领域的研发和创新活动。通过建设国家实验室、重点实验室等平台,为海洋科技创新提供有力支撑。同时,推动深海探测技术、海洋资源开发利用技术等科技成果的转化和应用，提升海洋产业的竞争力。

海洋安全维护是我国海洋战略的重要组成部分。我国不断加强海上执法力量建设，提升海上维权执法能力，维护国家海洋权益和海上安全。同时，我国积极参与国际海洋事务合作，与周边国家及国际社会共同应对海洋安全挑战，维护地区和平稳定。

在国际视野方面，我国通过高质量共建"一带一路"，加强与共建国家的海洋经济合作，共同开发海洋资源，推动海洋经济的繁荣发展。此外，我国积极参与全球海洋治理体系改革和建设，推动构建更加公正合理的海洋秩序。

总的来说，我国的海洋战略呈现出全方位、多层次的特点，涵盖了经济、生态、科技、安全和国际合作等多个领域。这一战略不仅反映了中国对海洋利益的深刻认知，也体现了其在全球海洋事务中承担责任大国角色的决心。未来，我国将继续坚持陆海统筹、人海和谐、合作共赢的原则，推动海洋事业高质量发展，为建设海洋强国和构建人类命运共同体做出更大贡献。

（二）我国战略人才培养与发现的不足

1. 培养和发现战略科学家的体制机制不健全

一是缺乏系统性的顶层设计。当前，我国海洋战略人才培养的顶层设计存在显著不足，体现为人才发展梯队不完整，缺乏从青年人才到中坚力量再到顶尖战略科学家的完整培养体系。这种断层不仅影响了人才的持续供给，更阻碍了经验和知识的代际传承，削弱了我国海洋战略人才队伍的整体实力和可持续发展能力。此外，政策方面分类指导不足，未能针对海洋科技、海洋经济、海洋军事等不同领域的战略人才制定差异化的培养策略。"一刀切"的做法忽视了不同领域的特殊需求，导致人才培养与实际需求之间存在错位，影响了人才在各自领域的专业化发展和作用发挥。

二是培养和发现机制不健全。我国海洋战略人才的培养和发现机制存在明显不足,具体体现在战略人才发现路径单一,过度依赖于国家重大科技任务的领衔者,忽视其他潜在的人才发现渠道,影响人才储备的广度和深度等方面。此外,高校、科研院所与企业之间的合作不够深入,限制了人才在实践中的成长,不利于培养既有理论深度又有实践经验的复合型人才,也阻碍了科研成果的转化和应用。更为重要的是,企业创新主体地位不突出,导致企业在人才培养中的作用未得到充分发挥,不利于培养具有市场意识和创新精神的战略人才,也影响了海洋科技创新的整体效率和市场导向性。

三是培养过程中的实践锻炼不足。一方面体现为科学家在任务立项、组织和实施过程中的主体地位不足,这种状况限制了战略人才全面参与和主导重大科技任务的机会,不利于其战略思维和领导能力的培养,也可能导致科技任务与实际需求之间的脱节。另一方面体现为重大科技任务的组织管理模式缺乏系统性的实践培训机制,跨领域、跨部门交流不够,未能为潜在的战略人才提供有组织、系统的实践锻炼机会。这种缺失导致人才在面对复杂实际问题时缺乏应对能力,也难以形成全面的战略视野和决策能力。

四是评价和激励机制不完善。目前高校和研究院所普遍存在评价标准单一的问题,过分强调论文、专利等量化指标,忽视了战略思维、领导能力等关键素质的评估。这种评价体系可能导致人才趋向于短期行为和功利主义,不利于战略性、前瞻性研究的开展[26]。此外,对于在战略性、前瞻性研究中的失败缺乏合理的容错机制,抑制了创新精神,这种机制不仅限制了科研人员的创新动力,也可能导致较高风险的前沿研究被忽视。

以上问题的存在深刻影响着我国海洋战略人才的培养质量和数量,制约了我国海洋强国战略的实施进程。解决这些问题需要从国家战略高度出发,系统性地推进海洋战略人才培养体系的改革和完善,这不仅需要政府的政策支持和资源投入,还需要高校、科研院所、企业等多方主体的协同努力。

2. 企业战略人才和青年后备战略人才尤其短缺

我国海洋战略人才建设中，企业战略人才和青年后备战略人才的短缺问题尤为突出，主要体现在以下三个方面。

一是企业在国家创新体系中的角色失衡。企业作为技术创新的主体，在国家创新体系中的参与度仍然不够高，这直接导致企业战略科技人才培养的机会不足和环境缺失。这种失衡主要表现为企业在重大科技决策中的话语权不足。在国家科技咨询委员会等重要决策机构中，企业专家的比例较低，且主要来自央企，而民营企业技术专家参与的机会更少。这种状况导致企业视角在国家科技战略制定中未能得到充分体现，不利于制定出兼顾学术前沿和产业需求的科技发展战略。

二是企业参与国家重大科研任务的程度不够。国家重大科研任务的主体多以高校或科研院所的专家学者为主，企业技术工程师和研发主管占比严重偏低。这不仅限制了企业科技领导人才的历练机会，也可能导致科研成果与市场需求脱节，影响科技成果的转化效率。这种失衡反映了我国创新体系中"重学术、轻应用"的倾向，不利于培养既懂技术又懂市场的复合型战略人才。长期来看，这可能导致我国在产业化应用和技术创新方面的国际竞争力下降。

三是产学研人才流动存在壁垒。高校和科研院所的战略科技人才与企业间的双向流动不充分，这造成了人才培养的局限性。具体表现为，一方面高校科研人员缺乏产业经验，导致他们对行业和产业领域技术发展缺乏总体了解，难以形成针对重大问题的全局性认识。这种局限性可能导致科研方向与市场需求脱节，影响科技创新的实际效果。另一方面，企业人才难以进入学术圈。企业的技术专家很难获得参与重大决策历练实践的机会，在参与重大科技创新方向和技术路线选择中的话语权较低。这不仅限制了企业人才的成长空间，也使学术界难以及时了解产业前沿需求。

综上所述，由于缺乏产业实践经验，高校和科研院所培养的人才难以拥有跨学科、跨产业的大兵团作战组织能力。这种局限性可能导致人才在面对复杂、综合性问题时缺乏系统思维和全局观。

3. 海洋领域智库数量少、建设质量不高

海洋战略研究对于国家海洋事业发展和海洋强国建设具有重大而深远的意义。作为一种系统性、前瞻性的智力活动，海洋战略研究通过深入分析国际海洋形势、准确把握海洋发展趋势，帮助决策者洞察机遇与挑战，制定符合国家利益的海洋发展战略。同时，海洋战略研究还在协调海洋各领域发展、优化海洋资源配置、提升海洋综合管理能力等方面发挥着关键作用。在当前全球海洋治理体系深刻变革、国际海洋竞争日趋激烈的背景下，加强海洋战略研究不仅能够为应对复杂多变的国际海洋局势提供智力支持，也能为维护国家海洋权益、推动海洋经济可持续发展、加强海洋生态文明建设等提供战略指导。因此，持续深化海洋战略研究，不断提升研究的质量和水平，已成为推进海洋强国建设的一项紧迫任务。

海洋战略研究的深入开展和有效推进高度依赖于强大的海洋智库体系，因为海洋智库不仅是汇聚和培养海洋战略人才的重要平台，还是提供决策支持、推动学术研究、促进国际交流的关键载体，其建设水平直接影响海洋战略研究的质量和成效。我国海洋智库建设迄今已经取得了长足的进步，但与此同时仍存在一些不足。

（1）规模与影响力不足。

海洋智库的数量和规模与中国海洋大国的地位极不相称。在中国智库索引（CTTI）截至 2022 年收录的 1027 个智库中，以海洋为重点研究领域的仅有 19 个，例如自然资源部海洋发展战略研究所、大连海事大学海洋法治与文化研究院、中国海洋大学日本研究中心、武汉大学中国边界与海洋研究院、宁波大学海洋教育研究中心、上海交通大学国家海洋战略与权益研究基地等，占比不足 1%。这种规模上的不足直接影响了海洋智库的整体影响力和创新能力。

（2）智库人才结构与流动性问题。

我国智库建设普遍面临人才结构单一和流动性不高的问题。智库人才来源主要局限于事业单位在编人员和体制内公务员，新鲜血液的补充相对较难。相比之下，美国的"民间"智库通过"旋转门"机制实现与政府间的双向流动，吸纳了大量的企业人才和社会多元人才。

（3）高层次人才储备不足。

以两院院士为例，截至 2023 年 11 月，中国科学院现有院士共计849 名，其中海洋领域的院士共计 34 名，占比 4%；中国工程院现有院士共计 949 名，其中海洋领域的院士共计 59 名，占比 6%。从人才绝对数量上来看，与航天航空领域作对比，我国海洋领域两院院士共计 93 名，而航天航空领域两院院士共计 143 名，这反映出海洋领域高层次战略科学家储备不足的问题。

（4）研究课题规模小，缺乏系统性和前瞻性。

海洋战略研究课题的体量普遍较小，调研近十年国家社会科学基金、国家自然科学基金，以及部分省部级以上课题中海洋领域战略研究课题，50% 以上的涉海类战略研究课题研究经费仅为 20 万～50 万元，40% 的课题经费仅为 20 万元以下。海洋战略研究缺乏核心专家和引领性的重大项目支撑，缺乏多学科交叉的重大战略项目研究，难以形成足够的影响力和创新能力。同时，海洋战略研究课题数量受国家政策短期导向影响较大，缺乏持续性和前瞻性，这不利于形成长期、系统的海洋战略研究体系。

（5）国际化程度不高。

与国际先进水平相比，我国海洋智库的国际化程度不高，在全球海洋治理和国际海洋事务中的影响力有限。这不利于我国参与全球海洋治理和提升国际话语权。国际合作和交流的不足也限制了我国海洋智库吸收国际先进经验和方法的能力。

（6）政策支持和体制机制不完善。

海洋智库建设缺乏综合性的政策支持，包括基础科学研究、产业发展、国际合作等方面。这限制了海洋智库的发展空间和影响力。同时,海洋智库与政策制定部门之间缺乏有效的沟通机制,导致研究成果难以转化为实际政策。此外,现有的体制机制不利于形成多学科交叉研究和产学研协同创新。国家社会科学基金、国家自然科学基金等研究资助体系在海洋战略研究方面的引导功能还需要进一步加强。

要改善这些不足,需要从国家战略高度重视海洋智库建设,增加投入,完善政策支持,促进多学科交叉研究,加强国际合作,建立灵活的人才引进和培养机制,以及构建海洋智库间的协同创新网络。只有这样,才能建立起与中国海洋大国地位相匹配的海洋智库体系,为海洋强国战略的实施提供强有力的智力支撑。

四、推动我国海洋战略人才建设的政策措施

(一) 以国家利益为核心,强化海洋战略人才的使命感和责任意识

海洋战略人才培养应以国家民族利益为根本立足点。海洋战略的特点之一就是与国家的主权和利益紧密相连,这就要求海洋战略人才必须具备鲜明的国家民族意识,有大识见、大情怀、大使命、大担当。具体措施包括以下几个方面。

(1) 在人才选拔和评价体系中,将国家意识、政治素养和战略思维能力作为重要指标。重点考察候选人对国家海洋战略需求的理解,以及将个人专业兴趣与国家目标相结合的能力。这不仅要求他们懂政治、顾大局,还要求他们能将个人的专业兴趣服从于国家目标,个人的研究服务于国家需求。

(2) 设计特殊的培训项目,加强海洋战略人才的国家安全意识、大局观和宏观视野。这些培训应涵盖国家海洋政策、国际海洋法、海洋权益维护等内容。同时,还应培养他们关注宏观的学科布局、人才发展问题,甚至整

个学科乃至整个行业的科技进步和发展情况的能力。

（3）建立海洋战略人才与决策层的定期沟通机制，确保他们及时了解国家需求和大政方针，使其研究方向与国家战略需求保持一致。这种机制可以帮助海洋战略人才更好地理解和践行科学家的责任与使命。

（4）在海洋战略人才的考核评价中，增加服务国家需求的指标权重，鼓励他们将个人研究与国家海洋战略目标紧密结合。特别是对于军事战略人才，要强调坚定不移地维护党对人民军队的绝对领导，确保所有行动都听从党中央、中央军委的指挥。

（二）构建产学研多元化的海洋战略人才培养体系

为了打造全面的海洋战略人才队伍，应建立多元化的人才培养体系。这个体系应当强调鲜明的海洋特色，突显其专业性；紧密关注前沿热点，展示其前瞻性；勇于探索与尝试，体现其创新性；坚持交流与合作，彰显其开放性。具体措施包括以下几个方面。

（1）在国家科技人才规划中设立战略科学家、战略科技管理人才等专项人才工程，重点培养在重大科技项目中担任总指挥、总设计师的"两总"人才。对其中基础好、潜力足、年纪轻的人才加大倾斜力度。

（2）打通战略人才流转通道，推动政府单位、科技型企业、高校和研究院所之间的人才流动。建立跨部门、跨领域的人才交流机制，鼓励人才多岗位历练。这种流动可以帮助战略人才提升专业管理能力与科学素养。

（3）设立海洋战略人才培养专项基金，支持高校、科研院所和企业联合培养海洋战略人才。鼓励设立跨学科的海洋战略研究项目和课程，这些项目和课程应该覆盖海洋科技进步、海洋经济发展、海洋生态文明建设、海洋权益维护以及海洋安全保障等核心领域。

（4）建立海洋战略人才评价体系，将战略研究能力、组织管理能力等作为国家科技类评奖的重要依据。这个评价体系应该倡导学术平等，包容不同学术观点，鼓励人才持续探索和勇于创新。

（三）加强海外高层次海洋人才引进和培养

为了提升我国海洋战略人才的国际化水平,应加大海外高层次人才引进力度。具体措施包括以下几个方面。

（1）研究制定普适性的国家级海外人才引进政策。在工作签证、人才落户等宏观政策制定上,突出市场评价和国际同行评价,运用计点积分、劳动力市场测试、配额制度等多种机制综合评价海外人才。

（2）建立政府主导、市场运作的海外人才引进公共服务平台,为用人单位提供高质量、国际化的法律咨询、人才评价、资格审定、风险规避等公共服务。

（3）设立海外高层次海洋人才引进专项基金,为引进的人才提供具有国际竞争力的薪酬待遇和科研条件。

（4）建立海外高层次海洋人才与本土人才的融合机制,促进国际先进经验与本土实际需求相结合。

（四）构建多学科交叉的海洋智库体系

海洋战略研究的综合性特征要求建立多学科交叉的海洋智库体系。海洋研究并非单一学科所能涵盖,而是多学科交汇的领域。具体措施包括以下几个方面。

（1）支持建立综合性海洋智库,鼓励海洋经济管理、海洋生物学、物理海洋学、海洋化学、海洋环境科学、海洋地质学等多学科专家深度合作。这些智库应该能够研究海洋产业经济的多个方面,如海洋交通运输、海洋渔业、海工装备、海洋化工以及滨海旅游等。

（2）设立专门的海洋科技类智库,聚焦海洋科技前沿,为综合性海洋智库提供技术支撑。这类智库需在海洋科技领域凝聚智慧、深入研究,以新思想、新理论、新技术为突破,对我国的海洋事务管理、主权维护、国际海洋话语权以及全球海洋科技发展都具有重要意义。

（3）加强海洋智库与海洋科学技术研究团队的合作,建立长期稳定的合作机制,共享资源和成果。这种合作对于应对海洋研究中基础资料匮乏、调查收集难度大、未知领域多的挑战至关重要。

（4）构建多层级的海洋智库网络,包括国家级、区域级、省区级和地市级智库,促进各级智库之间的合作与交流。政府性智库应成为我国新型海洋智库体系的核心,主要服务于政府部门。同时,也要鼓励企业智库、第三方社会组织智库等社会智库的发展,以其灵活机制、高市场敏感度和强大创新能力,弥补政府智库的不足。

（五）完善海洋战略人才的保障和激励机制

为了吸引和留住优秀的海洋战略人才,需要建立完善的保障和激励机制。具体措施包括以下几个方面。

（1）建立海洋战略人才特殊津贴制度,为高层次海洋战略人才提供具有竞争力的薪酬待遇。设立海洋战略研究专项基金,为海洋战略人才的重大研究项目提供稳定的资金支持。这些资金要能够支持大规模且持续地研究,应对海洋研究中前期投入大的挑战。

（2）建立海洋战略人才职业发展通道,明确晋升机制和成长路径,特别关注海洋战略人才的培养和发展。设立海洋战略研究成果转化奖励机制,鼓励海洋战略研究成果在国家政策制定和实践中的应用。

（3）建立海洋战略人才荣誉体系,设立国家级海洋战略研究奖项,提高海洋战略人才的社会地位和影响力。

通过以上措施,构建一个以国家利益为核心、多元化发展、国际化视野、跨学科交叉、保障机制完善的海洋战略人才体系,为海洋强国建设提供强有力的智力支持。这个体系将能够应对海洋领域的复杂挑战,推动海洋科技创新,维护国家海洋权益,促进海洋经济发展,并在全球海洋治理中发挥更大作用。

第三章

我国海洋高技术人才建设的现状、问题与对策

海洋强国的基本特征在于其对国家海洋资源的全面高效开发、海洋生态环境的持久保护以及海洋经济的高质量、协调与可持续发展。这些核心特征的体现，无一不深深植根于海洋科技发展的深厚土壤与持续创新之中。本章结合全球海洋科技发展趋势，提出符合我国战略需求与国际竞争的重点科技领域，并结合当前我国海洋高技术人才建设的现状和问题，提出对策建议。

一、海洋高技术人才的使命与职责

海洋高技术人才的使命和职责主要体现在以下几个方面。

（1）支撑海洋资源开发。

海洋高技术人才是推动海洋资源开发的核心力量。在海底矿产资源开发方面，他们需要加快深海采矿装备的研发进度，特别是在多样化、高效率、大深度、智能化、环保化等方面进行技术创新，提升我国在全球深海资源竞争中的地位[27]。在海洋生物资源保护与开发领域，他们需要增强对远洋渔业核心技术的掌握，加速对南极磷虾等战略资源的开发利用技术的研究，推动深远海养殖工船装备的研发与示范应用。在极地开发方面，他们需要加强对极地关键理论和技术的攻关研究，系统增强我国的极地介入能力。

（2）保障海洋权益与安全。

海洋高技术人才在维护国家海洋权益和安全方面发挥着不可替代的作用。他们需要通过先进的海洋监测技术，进一步提升对海洋环境、气象条件和海上活动的监测；需要增强我国军事装备的水下探测与防御能力，保障海洋信息技术与数据安全，提升海军装备性能；需要通过开发综合性的海洋安全管理系统，如海洋态势感知系统，实现对海洋环境的全方位、立体化监测，为我国制定科学、有效的海洋安全策略奠定基础。

（3）推动海洋产业转型升级。

海洋高技术人才是海洋产业转型升级的技术支撑。他们不仅能将先进技术应用于传统海洋产业，提高效率和附加值，还积极参与海洋生物医药、海洋可再生能源等新兴产业的开发。作为产业发展模式的创新者，他们需要深刻理解产业发展趋势和市场需求，将技术创新与产业发展紧密结合，推动整个产业的系统性升级，实现海洋经济的可持续发展。

（4）保护海洋生态环境。

在海洋生态环境保护方面，海洋高技术人才起到非常重要的作用。他们通过先进的海洋环境监测技术，构建海洋生态预警系统，为海洋生态环境的保护和修复提供科学依据和技术方案。此外，还需要融合运用系统科学和生态学原理，开发精密的海洋生态系统健康评估模型，实现对海洋生态系统的动态监测和预警。这些工作对维护海洋生态平衡、应对气候变化等全球性挑战至关重要。

（5）推动海洋装备研发。

海洋高技术人才是海洋装备研发和制造的主力军。他们在海洋工程装备、海洋观测仪器、海洋通信设备等领域的创新，将大幅提升我国海洋装备的技术水平和自主可控能力。未来，他们还需要进一步推动海洋装备向系统集成和智能化方向发展，如在深海探测装备研发中引入人工智能和自主控制技术，使装备具备自主决策和适应复杂环境的能力。

（6）促进国际海洋科技合作。

海洋高技术人才在促进国际海洋科技合作方面扮演着重要角色。通过参与国际科研项目、学术交流活动等方式,提升我国在全球海洋科技领域的影响力。同时,通过提供国际海洋信息服务,提升海洋调查监测与观测、海洋预报、海洋环境治理等领域的技术能力,能够向全球提供具有中国标准和技术的公共产品及服务,为全球海洋科技发展贡献中国智慧。

总之,海洋高技术人才在海洋强国建设中发挥着多方位、深层次的作用。培养和使用好这些人才,为他们提供良好的发展环境和平台,充分发挥他们的创新潜力和价值,是实现海洋强国的关键所在。

二、我国海洋高技术人才建设的重点方向

在当今世界,海洋作为人类在地球上"最后的开辟疆域",其重要性日益凸显。随着科技的进步和人类对海洋认知的深入,海洋高技术人才的培养和发展成为关键议题。下文深入探讨海洋高技术人才中的三个核心类别:基础科研人才、产业技术人才以及海洋信息与数字化人才,阐述这三类人才的重点作用领域以及他们所需具备的关键素养,进而全面把握海洋高技术人才的发展方向和要求。

(一) 基础科研人才

基础科研人才是海洋技术发展的根基,他们的工作为整个海洋科技领域的创新和进步奠定了坚实的理论基础。这类人才主要致力于海洋科学的基础理论研究和前沿探索,他们的研究成果为海洋资源开发、环境保护、工程技术等应用领域提供了重要的科学依据和理论支撑。

在重点作用领域方面,基础科研人才的工作涵盖了海洋科学的各个分支。在海洋物理学领域,他们深入研究海洋的物理特性,如洋流、波浪、潮汐等现象,这些研究成果为海洋工程、航运安全和气候变化研究提供了重要的理论基础。海洋化学研究者则专注于海水的化学组成、海洋生物地球

化学循环等问题，他们的工作对海洋资源开发、海洋污染防治和全球碳循环研究等方面具有重要意义。在海洋生物学领域，科研人才致力于研究海洋生物多样性、生态系统功能和海洋生物资源的可持续利用。这些研究不仅有助于我们更好地理解海洋生态系统，也为海洋生物资源的保护和可持续开发提供了科学依据。海洋地质学研究者则专注于海底地质结构、海底资源分布等方面的研究，他们的工作为海洋资源勘探和开发，以及海底地质灾害预防提供了重要的基础知识。海洋气象学是另一个重要的研究领域，科研人才研究海洋与大气的相互作用，这对气候变化预测和极端天气事件应对具有重要意义。随着全球气候变化的加剧，这一领域的研究变得愈发重要。此外，海洋工程基础理论研究也是基础科研人才的重要工作方向。他们研究海洋工程的力学原理、材料科学等，为海洋工程技术的发展提供理论支撑，这对于海上平台设计、海底管道铺设等海洋工程项目至关重要。在海洋观测技术方面，基础科研人才致力于开发先进的海洋观测仪器和方法，提高对海洋环境的监测和理解能力，包括开发新型传感器、改进观测平台和优化数据采集方法等。随着技术的进步，海洋数值模拟和预测也成为基础科研的重要组成部分。科研人才在这一领域开发复杂的海洋数值模型，模拟和预测海洋过程，为海洋资源管理和环境保护决策提供科学依据。

为了在这些领域中做出卓越贡献，基础科研人才需要具备一系列关键素养。首先，扎实的理论基础是不可或缺的。这不仅包括掌握深厚的数学、物理、化学、生物学等基础科学知识，还涵盖专业的海洋科学理论知识。只有具备了坚实的理论基础，他们才能在复杂的海洋科学问题中找到突破口。

基础科研人才还需要熟练掌握科学研究的方法论，包括实验设计、数据分析、模型构建等。这些方法不仅是研究的工具，也是确保研究结果可靠和科学的保证。在当今数据驱动的科研环境中，强大的数据分析能力变得尤为重要。

团队协作精神在现代科研中也越来越重要。许多重大科研项目都需要跨学科、跨机构的团队合作。因此,基础科研人才需要能够在这样的团队中有效工作,贡献自己的专业知识,同时也要学会与不同背景的同事合作。

创新思维能力和跨学科视野是基础科研人才非常重要的素养。海洋科学作为一个不断发展的领域,需要科研人员能够提出新的科学问题,设计创新性的研究方案,突破现有理论的限制。海洋系统的复杂性决定了单一学科的知识往往无法全面解决问题。因此,基础科研人才需要具备跨学科思维,能够将不同学科的知识和方法融合应用于海洋科学研究,同时对现有知识深入理解和对未知领域大胆探索。

此外,持续学习能力是在快速发展的科学领域保持竞争力的关键。基础科研人才需要保持对新知识、新技术的学习热情,不断更新自身知识储备。这种终身学习的态度不仅有助于个人的学术发展,也能推动整个领域的进步。

在全球化的科研环境中,国际化视野成为基础科研人才的必备素养。了解国际前沿研究动态,具备与国际同行交流合作的能力,不仅有助于个人学术水平的提升,也能促进国际科研合作和交流。

实验和野外工作能力对于海洋科学研究尤为重要。基础科研人才需要具备设计和执行海洋科学实验的能力,以及在复杂海洋环境中进行野外考察的能力。这要求他们不仅要有扎实的理论知识,还要有实践经验和应对各种困难的能力。

最后,科研伦理意识在当今的科研环境中变得越来越重要。基础科研人才需要恪守科研道德,尊重知识产权,遵循学术规范。这不仅关系到个人的学术声誉,也关系到整个科研领域的健康发展。

总的来说,基础科研人才是海洋技术创新的源头,他们的工作为产业发展和技术应用提供了坚实的理论基础和创新动力。通过不断探索海洋科学的前沿问题,他们推动人类对海洋的认识和理解,为海洋可持续发展做出重要贡献。

(二) 产业技术人才

产业技术人才是海洋科技成果转化为实际应用和经济价值的关键力量。这类人才在海洋产业的各个领域中发挥着重要作用,他们将科研成果转化为可实际应用的技术和产品,推动海洋经济的发展和海洋资源的可持续利用。

产业技术人才的工作涵盖了海洋产业的多个方面。首先,海洋油气勘探与开采和海底矿产资源开发是海洋资源开发的重要领域。尽管可再生能源发展迅速,但海洋油气资源在全球能源结构中仍占有重要地位,海底富藏的钴、锰、镍是发展新能源和电子产业所必需的金属资源。产业技术人才在确保能源安全的同时,还需格外重视环境保护和可持续发展的问题。

海洋运输与港口物流是海洋经济的重要组成部分。产业技术人才在这一领域致力于研发绿色智能船舶,提高港口运营效率,发展智能化物流系统。这涉及交通工程、信息技术、自动化控制等多个领域的知识。

在海洋能源开发领域,产业技术人才需要致力于开发和应用海洋可再生能源技术,如潮汐能、波浪能、海流能等。这些技术的发展不仅能为清洁能源产业提供新的方向,也为缓解能源危机和应对气候变化提供重要途径。产业技术人才在这一领域需要综合运用海洋工程、能源技术和环境科学等多学科知识,开发研制高效、可靠的海洋能源装置。

海水淡化与综合利用是应对全球水资源短缺的重要技术领域。产业技术人才在这一领域致力于开发高效能、低成本的海水淡化技术,以及海水中有价值的元素的提取技术。这不仅涉及化学工程和材料科学等学科知识,还需要考虑能源效率和环境影响等因素。

海洋生物医药是一个极具潜力的新兴领域。产业技术人才在这一领域开发利用海洋生物资源,研制新型药物、保健品和生物材料。这需要他们具备生物技术、药学和海洋生物学等多学科知识,同时也要了解药品研发和市场需求。

海洋工程装备制造是支撑海洋开发的重要产业。海上平台、海底管线、海洋观测设备等海洋工程装备是认识海洋、开发海洋、保护海洋的基础,这需要产业技术人才具备并融合机械工程、材料科学、海洋工程等多方面的专业知识。

海洋渔业与水产养殖是传统的海洋产业,但在现代技术的推动下,这一领域也在不断创新。产业技术人才需要开发可持续的渔业捕捞技术和现代化水产养殖技术。需注意的是,提高产业效率的同时,要注重环境友好性和资源可持续性。

海洋环境保护技术是当前备受关注的领域。产业技术人才需要应用环境工程的专业知识,开发海洋污染治理、生态修复、海洋垃圾处理等环保技术。

为了在这些领域中有效发挥作用,产业技术人才需要具备一系列核心素养。专业技术能力是最基本的。产业技术人才需要掌握所在领域的专业知识和技能,如海洋工程、海洋物理、海洋化学、海洋生物技术等。这种专业能力是他们开展工作的基础,也是他们在行业中保持竞争力的关键。

实践应用能力是将理论知识转化为实际应用的重要素养。产业技术人才需要能够将学到的理论知识灵活运用到实际工作中,解决产业中的具体技术问题。这种能力往往需要通过大量的实践和经验积累来培养,因此,参与实际项目和不断总结经验对于产业技术人才来说尤为重要。

创新能力是推动产业发展的核心动力。产业技术人才需要具备技术创新思维,能够改进现有技术或开发新技术,提高产品和服务的竞争力。创新能力的培养需要广泛的知识储备、开放的思维方式和勇于尝试的精神。

随着技术项目规模的扩大和复杂性的增加,能够有效管理技术开发项目变得越来越重要,因此,项目管理能力是产业技术人才不可或缺的素养,这涵盖了项目规划、实施、监控和评估等各个环节。优秀的项目管理能力可以确保技术开发按时、按质、按量完成，技术投入的回报最大化。

市场洞察力是将技术与市场需求结合的关键能力。产业技术人才需要了解行业动态和市场需求，能够根据市场变化调整技术开发方向。这种能力要求他们不仅要关注技术本身，还要了解产业发展趋势、用户需求变化等宏观因素，从而开发出真正满足市场需求的技术和产品。此外，产业技术人才还需要具备成本效益分析能力，在技术开发中考虑经济可行性。这不仅包括开发成本的控制，还包括对技术应用后的经济效益评估，以求在技术创新和经济效益之间找到平衡点。

风险管理能力和质量控制能力是确保技术项目顺利实施的重要素养。产业技术人才需要准确识别和评估技术应用中的潜在风险，制定有效的风险管理策略，在复杂多变的项目环境中做出正确决策，最大限度地降低项目风险。高质量的产品和服务是企业在市场中立足的基础，也是技术人才价值的直接体现。产业技术人才需要建立和实施质量管理体系，严格把控产品和服务质量，确保其符合行业标准和客户要求。

团队协作能力是在复杂项目中取得成功的必要条件。产业技术人才需要能够在跨部门、跨学科的团队中有效工作，推动项目顺利实施。这种能力不仅包括与同行的合作，还包括与管理层、市场人员、客户等多方的沟通和协调。

沟通表达能力是技术人才常常忽视但实际上非常重要的素养。产业技术人才需要能够清晰表达技术方案，与客户、同事和管理层开展有效沟通。这种能力可以帮助他们更好地阐述自己的想法，获得更多支持和资源，推动技术项目的实施。

最后，国际视野在全球化背景下变得越来越重要。产业技术人才需要了解国际海洋产业发展趋势，具备参与国际竞争的能力。这种视野可以帮助他们把握全球技术发展方向，学习国际先进经验，提高自身和企业的国际竞争力。

总的来说,产业技术人才是海洋科技成果转化和产业化的核心力量。他们通过将先进技术应用于实际生产和服务中,推动海洋产业的创新发展,为提高海洋资源利用效率、促进海洋经济增长做出了重要贡献。未来,随着海洋产业的不断发展和技术的持续进步,产业技术人才将面临更多挑战和机遇,他们的角色和重要性也将进一步凸显。

(三) 海洋信息与数字化人才

在数字化时代,海洋信息与数字化人才在推动海洋领域的数字化转型和智能化发展中发挥着至关重要的作用。这类人才是海洋科技与信息技术融合的产物,他们将先进的信息技术应用于海洋基础科研、海洋资源开发、海洋环境保护等领域,大大提高海洋领域的工作效率和决策水平。

在重点作用领域方面,海洋信息与数字化人才的工作涵盖了多个方面。在海洋大数据管理与分析领域,通过构建和管理海洋大数据平台,进行海量数据的存储、处理和分析。这项工作能够为海洋科研和决策提供强大的数据支持,使得研究人员和决策者能够从庞大的数据中获取有价值的信息。例如,通过分析长期的海洋环境数据,可以更准确地预测气候变化趋势;通过整合多源数据,可以更全面地评估海洋生态系统的健康状况。

海洋遥感与地理信息系统(GIS)应用是另一个重要的工作领域,通过开发和应用海洋遥感技术和地理信息系统,实现海洋环境的实时监测和空间分析。这些技术能够从宏观角度观察和分析海洋现象,如海表温度变化、叶绿素浓度分布、海冰覆盖范围等。这些信息对于海洋环境监测、渔业资源评估、航海安全等方面都具有重要意义。

在海洋人工智能应用领域,通过开发基于人工智能(AI)的海洋预测模型、智能决策系统和自主操作系统,能够提高海洋科研和产业的智能化水平。例如,运用机器学习算法分析海洋环境参数,可以更准确地预测海洋气象;运用计算机视觉技术,可以自动识别和分类海洋生物;运用深度学习模型,可以优化船舶航线,提高航行效率。

海洋物联网建设是实现海洋环境实时监测的关键,通过设计和部署海洋观测网络,能够实现海洋环境参数的实时采集和传输,包括布置各种传感器、建立数据传输网络、开发数据处理系统等。通过海洋物联网,我们可以实时了解海洋环境的变化情况,为海洋科研、环境保护、灾害预警等提供及时准确的数据支持。

海洋数字孪生技术也是近年来极具潜力的新兴领域,通过构建海洋环境、海洋工程等数字孪生模型,支持仿真分析和预测。运用数字孪生技术,可以在虚拟环境中模拟和预测海洋系统的行为,这对于海洋工程设计、海洋环境管理、海洋灾害预防等都有重要应用。

海洋信息安全与网络防御是保障海洋数据和信息系统安全的重要领域。随着海洋信息化程度的提高,信息安全问题变得日益重要。海洋信息与数字化人才需要开发海洋信息系统的安全防护技术,保障海洋数据和信息系统的安全。这包括设计安全架构、实施加密措施、开发入侵检测系统等。

海洋环境监测与预警系统是保障海洋安全的重要工具,开发海洋环境监测平台和灾害预警系统,包括整合多源数据、开发预警模型、设计预警信息发布系统等,能够有效提高海洋灾害应对能力。

海洋资源智能勘探系统是提高海洋资源勘探效率的重要工具。海洋信息与数字化人才应用人工智能和大数据技术,开发智能识别算法、构建资源分布预测模型、设计自主勘探系统等,将提高海洋资源勘探的精准度和效率。

智能船舶与自主航行系统是船舶运输的未来发展方向,开发智能船舶控制系统和自主航行技术,如复杂的导航算法、智能决策系统、远程控制技术等,能够提高海上运输的效率和安全性。

为了提高港口运营效率,需要不断优化智能化港口管理系统和海洋物流平台,包括复杂的调度算法、实时监控系统、智能决策支持系统等,以提高港口运营和航运效率。

为了在上述领域中发挥重要作用,海洋信息与数字化人才需要具备以下素养。

第一,需要具备跨学科的知识结构,海洋信息与数字化人才不仅需要熟练掌握计算机科学、数据科学、海洋科学等学科知识,还要能将信息技术与海洋领域知识有机结合。编程与软件开发能力是海洋信息与数字化人才的核心技能,所以这类人才除需要精通主流编程语言和软件开发技术,能够开发海洋信息系统和应用程序之外,还要善于运用云计算、移动应用开发等新兴技术。

第二,数据分析与挖掘能力在大数据时代尤为重要。海洋信息与数字化人才需要掌握统计分析、机器学习、深度学习等数据分析方法,能够从海量数据中发现规律、预测趋势,为科研和决策提供支持。此外,云计算和分布式系统知识在处理大规模海洋数据时变得越来越重要。故海洋信息与数字化人才需要了解云计算技术和分布式系统架构,包括理解分布式存储、分布式计算、负载均衡等概念和技术,能够设计和实现高性能的海洋信息处理系统。

第三,创新能力是推动海洋信息技术发展的核心动力。这种创新不仅包括技术创新,还包括应用创新和模式创新。例如,将区块链技术应用于海洋产品溯源,或者开发基于虚拟现实的海洋教育平台等。

第四,技术敏感性是在快速变化的信息技术领域保持竞争力的关键。海洋信息与数字化人才需要对新兴信息技术保持高度敏感,能够快速学习和应用新技术。这包括关注技术发展趋势,参与技术交流活动,不断更新自己的知识结构。

第五,项目管理能力和沟通协作能力有助于更好地完成大型海洋信息化项目。海洋信息与数字化人才常常需要与海洋领域专家合作,带领技术团队,对跨学科项目进行需求分析、系统设计、开发实施和运维管理,这要求他们能够用通俗易懂的语言解释复杂的技术概念,还要有良好的组织协调能力和沟通能力。

第六，创业精神和商业敏感度也是海洋信息与数字化人才需要培养的重要素质。随着海洋信息产业的发展，许多创新创业的机会会出现，这需要他们敏锐地发现新的市场需求，开发创新的产品或服务，为海洋信息产业注入新的活力。

总的来说，海洋信息与数字化人才是推动海洋领域现代化和智能化发展的核心力量。在未来，随着物联网、人工智能、大数据等技术的进一步发展，海洋信息与数字化人才将在海洋科技创新、海洋经济发展、海洋环境保护等方面发挥更加重要的作用。

以上三类海洋高技术人才——基础科研人才、产业技术人才以及海洋信息与数字化人才共同构成推动海洋科技发展和海洋经济增长的人才梯队。基础科研人才的创新成果为产业技术人才提供了理论基础和技术方向，产业技术人才将科研成果转化为实际应用，推动海洋产业的发展，而海洋信息与数字化人才则为前两者提供了强大的信息技术支持，提高整个海洋领域的效率和智能化水平。

三、我国海洋高技术人才建设的现状和不足

海洋高技术人才的培养与海洋学科建设紧密相连。完善的学科体系是培养高质量人才的基础，同时高水平人才又会反过来推动学科发展，两者相辅相成。因此，要了解我国海洋高技术人才建设现状，首先需要从学科建设入手。

（一）我国海洋学科建设的现状

1. 学科体系

我国海洋学科发展历程，大致经历了起步探索、逐步发展和快速提升三个阶段。20 世纪 50 年代，我国开始筹建涉海院校和研究机构，但受限于国力和认识水平，当时的海洋教育规模很小，学科点单一。改革开放以后，

随着海洋开发力度加大,涉海高校逐步增多,在青岛、厦门、广州等沿海城市形成了一批海洋教育与研究中心,推动了海洋学科建设。进入 21 世纪,特别是 2012 年党的十八大提出建设海洋强国战略以来,以"双一流"建设为引领,国内高校主动服务国家海洋事业发展,优化学科布局,加大投入力度,海洋学科进入快速发展的新时期,仅研究生教育规模就较 20 世纪末扩大了数倍。

目前,我国海洋领域直接相关的一级学科主要有"海洋科学""船舶与海洋工程"和"水产"3 个。

海洋科学是研究海洋自然现象、性质及其变化规律,以及与开发利用海洋有关知识的学科,下设物理海洋学、海洋地质学、海洋生物学和海洋化学 4 个二级学科。在此基础上,还衍生形成了环境海洋学、海洋工程学、空间海洋学、军事海洋学、海洋生态学、海洋生物工程学、古海洋学等许多新兴交叉学科。此外,海洋科学还涉及以遥感、遥测、遥控、自动化和计算机等为基础的海洋探测技术研究,包括海洋遥感技术、海洋浮标技术、深潜观测技术和海洋生物技术等。

船舶与海洋工程学科主要研究船舶与海洋工程装备的设计制造、安全性与可靠性、节能环保等问题,包括船舶与海洋结构物设计制造、轮机工程、水声工程 3 个二级学科。

水产学科则侧重于水生生物资源的增殖、养殖、捕捞、加工利用以及渔业生态环境保护等,下设水产养殖、捕捞学、渔业资源等二级学科。

总的来看,我国海洋学科体系涵盖了海洋科学基础研究、海洋工程技术应用以及海洋生物资源开发利用等诸多领域,形成了从基础到应用、从理论到实践较为完整的学科布局。但同时也应看到,海洋学科作为一门综合性、交叉性很强的学科,不同院校和科研机构根据自身优势和特色,在学科方向设置上各有侧重,尚未形成统一、规范、成熟的学科体系。而且海洋科学各分支学科之间,以及海洋科学与其他工程技术、资源环境等学科之间的交叉融合还有待进一步加强。

2. 涉海院校与科研机构

改革开放以来，我国涉海高等教育事业蓬勃发展。据不完全统计，目前全国开设海洋相关专业的高校已超过 200 所，其中设有海洋科学博士点的高校超过 140 个，硕士点超 350 个，本科专业点超 230 个。专门从事海洋科学研究的机构也不断增多，已增至 25 个左右。其中，涉及海洋科学研究生教育的单位截至 2024 年底超过了 55 所。

从隶属关系看，开展海洋科技人才培养的高校和科研机构类型多样。一是教育部直属高校，共有 15 所，具有代表性的有上海交通大学、中国海洋大学、厦门大学、同济大学、南京大学、中山大学、浙江大学等。二是地方高校，共 14 所，如浙江海洋大学、上海海洋大学、大连海洋大学、南京信息工程大学、广东海洋大学等。三是军队院校，主要有中国人民解放军理工大学气象海洋学院、中国人民解放军海军大连舰艇学院、中国人民解放军海军潜艇学院等。四是其他部委属高校，如隶属工业和信息化部的哈尔滨工业大学（威海）（海洋科学与技术学院）、隶属交通运输部的大连海事大学（环境科学与工程学院）。五是中国科学院下属科研院所，涉及海洋领域研究生培养的有中国科学院大学（地球与行星科学学院）、中国科学院海洋研究所、中国科学院南海海洋研究所、中国科学院大气物理研究所、中国科学院地质与地球物理研究所等。六是自然资源部下属的国家海洋环境预报中心、第一海洋研究所、第二海洋研究所、第三海洋研究所等单位。七是中国气象科学研究院等其他涉海科研机构。

值得一提的是，为支撑海洋强国建设和海洋科技创新，国家在上述高校和科研院所布局建设了一批高水平的科研基地，其中包括 17 个国家重点实验室，如海洋环流与波动重点实验室、海洋地质与环境重点实验室、海洋生物技术重点实验室等，还有 4 个海洋领域的省部级重点实验室。这些重点实验室汇聚了一大批优秀科研人才，拥有先进的科研仪器设备，是开展海洋基础研究和应用基础研究的重要平台，为海洋科技创新和高层次人才培养提供了有力支撑。

3. 学科特色与优势

尽管起步较晚，但近年来我国涉海高校和科研机构依托各自优势，加快学科建设，努力形成特色和确定方向，海洋科学人才培养工作取得明显进展。

在海洋科学一级学科下，各培养单位共设置了物理海洋学专业 25 个、海洋化学专业 25 个、海洋生物学专业 28 个、海洋地质专业 19 个。除教育部规定的二级学科外，不少单位还根据区域和自身特点，自主设置了海洋药学、海洋物理、海洋生态、海洋气象、海岛开发与保护、海洋事务、海洋渔业资源、海洋资源与权益综合管理等交叉学科专业方向。

在教育部直属高校中，中国海洋大学侧重于发展物理海洋学、海洋测绘等方向，是物理海洋学国家重点学科、海洋遥感教育部重点实验室依托单位，被誉为"中国海洋科学的摇篮"。上海交通大学依托船舶海洋与建筑工程学院，在海洋工程装备研发、海洋可再生能源开发利用等方面优势突出。厦门大学拥有我国唯一的南海研究院，南海海洋科学、海洋生物、海洋化学、海洋地质等学科具有鲜明的区域特色。

在地方高校中，上海海洋大学的海洋生物、水产养殖等生物类学科实力雄厚，是农业农村部淡水水产种质资源重点实验室的依托单位。大连海洋大学的物理海洋、海洋化学、海洋环境等学科方向特色鲜明，主持的"海洋环境安全技术"为辽宁省高校重大科技创新平台。

在中国科学院系统中，中国科学院海洋研究所是我国海洋科学基础研究的主要基地之一，在海洋地球物理、海洋地质、海洋化学等领域处于国内领先水平；中国科学院南海海洋研究所立足南海，在海洋动力过程、海洋遥感等方面优势明显。

总的来看，我国不同类型、不同区域的涉海院校和科研机构形成了各具优势和特色的海洋学科布局，既有综合性的海洋大学，也有行业特色鲜明的高校，还有区域性的涉海院校，基本覆盖了海洋科学各主要学科领域。同时，中国科学院等科研机构与高等学校优势互补，初步搭建起"科教融合、校所结合"的海洋人才培养格局。但相较于美国等海洋教育强国，我国高校海洋学科专业结构还不够均衡，基础学科与应用学科、理学科与工学科的比例有待进一步优化；部分高校的海洋学科整体实力还不够强，学科特色还不够鲜明，缺乏在国际上有重要影响力的海洋学科方向和研究领域。

4. 学科建设案例

上海交通大学船舶与海洋工程学科是全国海洋工程领域的排头兵，具有鲜明的工科特色和行业优势。该学科在教育部历次学科评估中均名列前茅，2017年入选"双一流"建设学科，并在2018年软科世界一流学科船舶与海洋工程专业世界排名中位居第一。

经过100多年的积淀和发展，船舶与海洋工程学科已成为上海交通大学最具特色和影响力的优势学科之一。学科现有教职工120人，专任教师82人，正高级职称教师比例达31%，具有博士学位教师比例为63%，海外留学归国教师比例达28%；拥有海洋工程全国重点实验室、船舶与海洋结构设计制造教育部重点实验室、海洋工程试验教学中心等一批国家级和省部级科研及实践教学平台。

近年来，学科瞄准国家海洋强国建设重大需求和世界海洋工程科技前沿，以新型海洋工程装备、海洋可再生能源高效开发利用为主攻方向，开展了深海采矿设备、深海浮式生产系统、新型海上风电装备等关键技术攻关，取得了一批标志性成果。同时，学科高度重视拔尖创新人才培养，借鉴国际一流海洋工程学校的经验，完善"宽口径、厚基础、重实践、多创新"的人才培养模式，构建了通专融合的课程体系。

在本科生培养环节，学科开设有工程力学类、工程基础类、专业基础类、专业类、综合设计类5大类30余门课程，注重培养学生的工程实践能力。核心课程包括船舶原理与海洋工程概论、船舶与海洋工程计算机辅助设计(CAD)、船舶工程专业英语、船舶与海洋结构力学、船舶阻力与推进、船舶原理、海洋工程导论、海洋工程材料与焊接等。学科还面向学有余力的学生推行创新研修计划,组织学生参加船舶与海洋工程创新设计大赛、水下机器人大赛等学科竞赛,并选送优秀学生赴国内外一流高校交流学习。

在研究生培养方面,学科进一步优化学术学位与专业学位相结合的培养体系,突出工程实践和科技创新能力培养,开设有海洋工程水动力学、海洋工程结构可靠性、船舶流体力学等全英文课程,选派研究生赴世界知名海事高校交流、学习。近 5 年,学科研究生以第一作者在国际学术期刊和会议发表学术论文 200 余篇,获省部级以上各类竞赛奖励 100 余项。得益于特色鲜明的学科优势和卓有成效的人才培养,船舶与海洋工程学科已成为国内外知名的人才输出基地。

2016 年以来,学科本科毕业生累计近千人,研究生毕业生超 400 人,遍布船舶设计制造、海洋资源开发、海洋工程建设、航运物流等行业领域,为海洋强国建设提供了宝贵的智力支持和人才储备。

总的来看,改革开放 40 余年,我国海洋科技人才队伍不断发展壮大,涉海学科专业体系日臻完善,为海洋强国建设提供了有力的人才支撑和智力保障。

(二) 我国海洋学科建设的不足

通过对我国海洋科技人才学科建设现状的分析,我们可以发现目前尚存以下问题和挑战。

1. 专业方向设置与需求不匹配

当前我国海洋学科专业设置存在"共性有余、个性不足"的问题。大多数院校倾向于开设通用性、广谱性的专业,如海洋科学、海洋资源与环境等,专业设置的趋同性,造成人才供给结构单一,难以满足海洋产业多元化发展需求。特色专业和新兴交叉学科的发展不足,如海洋生物技术、深海工程等领域的人才培养相对滞后。同时,缺乏针对性培养也导致了毕业生就业适应性不强的问题。更为严重的是,在一些国家急需的特殊领域,如极地科学、海洋法律等,人才缺口较大,难以满足国家战略发展的需要。这种专业设置与实际需求不匹配的情况,不仅影响了海洋科学人才的培养质量,也制约了我国海洋事业的整体发展。

2. 培养质量与招生规模不相适应

随着海洋科学专业研究生招生规模的不断扩大,部分新办专业面临严峻的质量保障挑战。首先,师资力量不足成为制约因素,高水平海洋科学教师的短缺直接影响了教学质量。其次,课程体系和培养方案的不完善使得高质量培养的需求难以得到满足。许多新设专业在课程设置、教学内容更新等方面跟不上学科发展和社会需求的变化。再次,实验设备和实习基地的不足严重影响了学生实践能力的培养,导致理论与实践脱节。最后,质量评估体系的不健全,有效的质量监控机制的缺乏,使得培养过程中的问题难以及时发现和解决。这些因素的综合作用,导致部分院校在扩大招生规模的同时,难以保证人才培养的质量,最终影响了海洋科学人才的整体素质和竞争力。

3. 专业之间的交叉融合不够

海洋科学作为一门高度综合的学科,需要多学科的交叉融合才能实现真正的创新和突破。然而,目前我国海洋学科建设中存在明显的学科间壁垒,跨学科合作不足的问题。课程设置缺乏交叉性,难以培养出具有多学科背景的复合型人才。研究项目往往倾向于单一学科导向,缺乏综合性解决方案,这限制了对复杂海洋问题的全面理解和解决。学科交叉平台和机制的不健全也使得不同学科间的深度融合难以得到促进。这种状况不仅阻碍了海洋科学的整体发展,也使得我国在面对全球性海洋问题时缺乏综合性的研究能力和解决方案。海洋科学的特性决定了它需要物理、化学、生物、地质、工程等多学科的协同,而当前的交叉融合不足正成为制约我国海洋科学发展的重要因素。

4. 区域发展不均衡

我国海洋高等教育呈现出明显的区域不平衡现象。东部沿海地区的海洋教育资源相对集中,而内陆地区则相对薄弱。这种不平衡不仅体现在教育资源的分布上,更反映在人才培养和科研能力的差距上。一些拥有丰富海洋资源的地区,如海南、广西等,其海洋高等教育的发展却相对滞后。这种状况导致这些地区难以充分利用本地海洋资源,也无法为当地海洋经济发展提供足够的人才支持。此外,区域间海洋科研合作的不足,使得全国性的研究合力难以形成,影响了我国整体的海洋科研水平。人才流动的不均衡更加剧了区域发展的差距,也造成了人才资源的浪费和错配。这种区域发展的不平衡不仅影响了我国海洋教育的整体水平,也制约着国家海洋战略的全面实施。

5. 学科专业结构不均衡,协同性不足

当前我国海洋学科建设存在严重的结构性问题,过度重视自然科学和工程科学,而忽视了海洋人文社会科学的发展,导致学科结构的失衡。这种失衡表现在海洋经济、海洋管理、海洋法律等软科学人才的严重短缺上。同时,教育机构之间往往各自为政,缺乏与其他机构和产业部门的有效协作,这使得完整的"蓝色人才库"难以形成,无法全面支撑海洋事业的发展。协同性不足的问题还体现在产学研合作的不深入上,许多高校的人才培养与产业需求脱节,毕业生难以适应快速变化的海洋产业需求。这种学科专业结构的不均衡和协同性的不足,不仅影响了海洋人才的全面培养,也难以形成强有力的人才支撑体系来推动海洋强国战略的实施,制约了我国海洋事业的整体发展。

6. 学科体系不够完善

我国海洋学科体系的不完善主要体现在新兴学科和交叉学科发展不足上。新工科、新农科等新兴学科在海洋领域的发展相对滞后,难以适应海洋科技和产业的快速变革。这些新兴学科与传统优势学科的关联度不强,难以形成特色和优势。同时,一些支撑性学科实力不足,影响了整体学科水平的提升。学科创新能力的不足导致我国在面对海洋科技前沿挑战时显得力不从心,难以在国际海洋科技竞争中占据有利地位。这种学科体

系的不完善不仅限制了海洋科学的整体发展，也影响了我国在全球海洋治理和海洋科技创新中的话语权。缺乏具有系统性和前瞻性的学科规划，使得我国海洋学科难以拥有持续的创新动力和发展潜力，长期来看将制约我国建设海洋强国战略目标的实现。

7. 重复、扎堆问题

涉海院校在学科建设中普遍存在同质化现象，这反映了它们对海洋学科建设缺乏全生命周期的系统规划。许多学校在专业设置和学科建设上盲目追随，导致资源配置效率低下，造成人才培养与社会需求的脱节。学校若定位不清晰，专业建设方向趋同，便难以形成各自的特色和优势，最终会影响整体竞争力。这种重复建设不仅浪费了教育资源，也导致了某些领域人才供给过剩，而其他关键领域却面临人才短缺的局面。缺乏差异化发展策略使得各院校难以在激烈的竞争中脱颖而出，也无法为国家海洋事业发展提供多元化、高质量的人才支持。这种"扎堆"现象反映了我国海洋高等教育在宏观规划和协调方面存在不足，需要从国家层面进行统筹规划和引导，以实现资源的优化配置和学科的均衡发展。

（三）美国海洋学科建设概况与经验启示

1. 学科体系

美国是名副其实的海洋教育强国，其海洋学科专业体系高度发达，并在诸多领域保持国际领先地位，学科专业涵盖海洋生物、海洋资源、海洋科学、海洋工程、海洋学、海运六大类。其中，海洋生物类专业主要包括海洋生物学和生物海洋学，研究海洋生命的结构、功能、演化和生态关系等。海洋资源管理专业侧重海洋保护区、海岸带综合管理、海洋渔业管理等领域。海洋科学专业较为宽泛，包括物理海洋、海洋化学、海洋地质、海洋遥感等众多方向。海洋工程专业包括海洋工程、近海工程、海岸工程等，主要研究海洋工程结构物的设计施工和海上作业安全等。海洋学专业则更突出基础性，主要从物理、化学、地质、生物等多学科视角开展海洋现象和过程的基础研究。海运类专业如航海技术、轮机工程、海事管理等，一般附属于海事院校。

从学科分布看，美国海洋教育资源高度集中，80%以上的海洋学位点集中在沿海州，尤其是加利福尼亚州、华盛顿州、佛罗里达州、得克萨斯州、马里兰州等。其中，加利福尼亚州海洋类专业数量和规模位居第一。

值得一提的是，在通识教育理念的引领下，美国高校普遍重视海洋素养教育。绝大多数高校都开设海洋概论、海洋文明、海洋政策等海洋通识课，面向全校学生。部分高校还成立海洋学院，开展跨学科的海洋教育项目，如加利福尼亚大学圣迭戈分校的"海洋科学本科生教育项目"（UCSD Oceanography Instructional Program）、佛罗里达大西洋大学的"海洋系统项目"（The Ocean Systems Program）等。这些课程和项目不仅为学生提供了解海洋的窗口，还成为培养海洋后备人才、激发创新灵感的重要途径。

2. 涉海院校与科研机构

在众多开设海洋专业的大学中，麻省理工学院（MIT）、加利福尼亚大学圣迭戈分校、华盛顿大学位列海洋学科实力三甲。

MIT 在海洋工程领域全美领先。该校拥有造船与海洋工程系，下设海洋工程、海洋科学与政策等多个专业。其海洋工程专业有船舶工程、海洋工程、船舶设计等诸多方向，在船舶推进、海洋能源装置、水下机器人、深海采矿等研究领域成果丰硕。海洋科学与政策专业立足海洋科技前沿，研究海洋系统的运行机制及人类活动的影响，并将研究成果转化为政策建议。MIT 还以海洋联盟（Ocean Alliance）的名义，整合全校海洋相关的研究、教育和服务资源，是海洋交叉研究的重要平台。

加利福尼亚大学圣迭戈分校斯克里普斯海洋研究所是世界海洋科学研究的中心之一。该所成立于 1903 年，是美国历史最悠久、规模最大的海洋研究机构。其目前设有 7 个系，包括气候大气科学系、地球科学系、海洋生物研究系、物理海洋学系等，研究领域涵盖海洋科学各主要方向。研究所拥有一支 1 200 多人的科研队伍，包括 82 名教授、260 多名博士后和助理研究员，以及500多名研究生。依托研究所建有的海洋酸化、极地研究、海洋声学等十余个研究中心，拥有先进的海洋科考船队和观测设施，在深海探测、海洋环境监测、海洋灾害预警等研究领域引领全球。

华盛顿大学海洋学院设有海洋学、海洋工程、海洋生物等系，在海洋环境、海岸工程、极地海洋等研究领域处于全美前列。学院与美国国家海洋和大气管理局、西雅图港务局等机构合作，共建海洋环境预报中心、海洋技术创新中心，推动海洋科技成果产业化。华盛顿大学还通过海洋学院，与美国国家海洋和大气管理局等联邦机构签订人才培养合作协议，为学生提供丰富的实习实践机会。

除高校外，美国还拥有一批顶尖的海洋科研机构。最著名的当属20世纪第二个十年筹建的伍兹霍尔海洋研究所（WHOI）。该所是全球最大的私立海洋研究机构，在物理海洋、海洋工程、深海生物等众多领域享有盛誉。研究所现有科研人员近千人，其中大多为博士研究生。学术委员会中的科学家多为中国科学院院士和国际知名海洋学者。研究所年度科研经费逾2亿美元，资金主要来源于美国国家科学基金会、美国国防部、美国航空航天局等联邦部门，以及企业合作和私人捐赠等。依托雄厚的科研实力，伍兹霍尔海洋研究所主导或参与了多个里程碑式的海洋科考活动，如发现"泰坦尼克号"残骸、首次到达马里亚纳海沟底等。此外，研究所还与MIT等顶尖高校建立教育合作关系，共同开展研究生培养工作，为学生提供课堂教学与一线科研实践相结合的学习机会。

3. 人才培养特色

与中国重基础、重专业细分的海洋教育模式不同，美国海洋人才培养体系呈现出通专结合、科教融合、注重实践的鲜明特点。

在本科教育阶段，美国普遍采取通识教育与专业教育相结合的培养模式。学生入校第一年主要学习自然科学、社会科学、人文等通识课程，掌握学科基础知识和研究方法；第二年开始分流到海洋专业，系统学习海洋物理、化学、生物、地质等专业课。同时，美国高校海洋专业大多为宽口径的专业方向,如海洋科学专业,学习内容涵盖海洋科学的多个分支学科。高年级阶段才根据兴趣选择更具体的专业方向,如海洋环境、海洋资源、海岸带管理等。这种"厚基础、宽口径、多方向"的培养模式有利于促进学科交叉,培养学生的科学思维和创新能力。

美国高等院校的海洋学科普遍采取小班教学,注重师生互动,课堂气氛活跃。教学内容紧密结合科研前沿和社会需求,强调培养学生运用所学知识分析和解决实际问题的能力。学校还广泛利用在线课程、慕课等信息化手段丰富教学形式,推动优质教育资源共享。不少海洋院系还专门聘请业界专家授课,拓宽学生视野。如华盛顿大学海洋学院聘请波音公司工程师为海洋工程专业学生讲授装备制造,邀请海岸警卫队官员讲授海洋应急管理等内容。

美国海洋教育极其重视科教融合和产教融合,高校普遍与科研机构、海洋企业等建立广泛的合作。如前所述,MIT 与伍兹霍尔海洋研究所共建海洋学研究生院,学生在 MIT 完成理论学习后,到伍兹霍尔海洋研究所参与科研项目,接受科学家指导。加利福尼亚大学圣迭戈分校海洋科学硕士项目则与当地水族馆、海洋生物科技企业等合作,为学生提供实践训练机会。此外,美国海军、美国地质调查局、国家海洋局等政府机构也是涉海院校的重要合作伙伴。它们提供科研项目、实习机会,接收毕业生,成为学校稳定的"消费市场"。

美国高校极其重视海洋人才的国际化培养。学校广泛开展海洋领域的国际交流与合作,与世界各地涉海院校签署学分互认、联合培养协议。学生可通过访学、联合科考、参加国际学术会议等方式,拓宽国际视野。不少高校的海洋院系还聘请国外知名学者任教,为学生提供与国际大师零距离接触的机会。部分学校还专门设立海洋留学生奖学金,吸引优秀留学生攻读学位。如华盛顿大学海洋学院每年提供 20 个"欧文海洋学者"奖学金名额,资助亚太地区国家的学生到该校海洋学专业学习。

4. 科研支持体系

美国在海洋科技研发方面长期保持全球领先地位,这与其完善的科研支持体系密不可分。一方面,美国联邦政府高度重视海洋科研,设立多项稳定支持计划。如美国国家科学基金会的"海洋科学研究计划",重点资助海洋观测系统、深海过程、海洋生态等基础研究;美国国家海洋和大气管理局主导的"海洋探索计划",侧重支持深渊、极地、海底资源勘查等探索性研究;美国能源部的"海洋能源技术研发计划",聚焦波浪能、潮汐能等海洋可再生能源开发。一般而言,高校和研究机构承担着基础理论研究和关键技术攻关,企业则侧重应用研发和工程化。完善的研发资助体系保证各创新主体有充足的科研投入。以伍兹霍尔海洋研究所为例,其年度预算高达 2 亿美元,资金主要用于支持各类研发活动、科考项目、实验设备升级等。

另一方面,美国海洋科技基础设施配套完善,为一流创新提供了有力支撑。目前,美国拥有包括"阿特兰蒂斯"号在内的数十艘大型远洋科考船,以及遍布大西洋和太平洋的海底观测网、浮标阵等海洋观测设施。以夏威夷海岸的阿罗海洋观测站为例,该站自 20 世纪 90 年代末投入运行以来,利用布放在海面至海底不同深度的传感器,持续监测当地的洋流、温度、盐度、化学参数等,积累了大量宝贵的观测数据,为揭示海洋环境变化、应对全球变暖等提供了科学支撑。近年来,美国还不断强化北极、南极等极地考察能力建设,新建破冰船、极地科考站,引领全球极地海洋研究[28]。

海洋学科发展离不开高水平科研人才的支撑。美国高校普遍建立了灵活的用人机制,根据学科发展需求招聘优秀人才。任职标准侧重科研业绩、国际声誉等,而非资历。工资待遇一般实行年薪制,高于其他学科。针对海洋科考等特殊工作,还设置了额外补贴。在职称晋升方面,研究型大学一般设置助理教授、副教授、正教授、讲座教授等职位,实行"非升即走"的任期制,强化教师科研创新动力。同时,学校建立了覆盖全职业生涯的教师培训体系,通过学术休假、访问交流等形式,为教师提供持续成长机会。在科研团队建设方面,美国高校普遍推行主要研究者(PI)负责制,强调"用项目建团队,凭业绩论英雄",保证人才资源向最具创新活力的团队集聚。

与人才引育并重的是,美国高校注重海洋学科成果的转化应用。一方面,高校与企业合作密切,共建联合研发中心,开展应用研究。如华盛顿大学海洋学院与微软合作,共建"海洋预测分析中心",利用人工智能技术分析海洋大数据,为航运、渔业等行业提供海况预报服务。加利福尼亚大学圣迭戈分校斯克里普斯海洋研究所则与当地生物医药企业合作开发海洋药物,已有多个海洋天然产物进入临床试验阶段。另一方面,高校普遍成立技术转移中心,为成果转化提供政策咨询、知识产权管理等服务。对于市场前景广阔的海洋高新技术,学校还设立校企联合的孵化基金,支持科研团队创办企业。

美国海洋教育事业百年发展,在全球处于领先地位。这与其重视基础研究、尊重学术自由的传统密不可分。第二次世界大战后,美国政府进一步加大海洋科研投入力度,将其视为国家安全和经济繁荣的重要支柱。冷战时期,美苏海洋较量成为全球海洋科技发展的重要推动力。苏联解体后,美国调整海洋战略,更加侧重维护海洋秩序、应对气候变化等全球性议题。进入 21 世纪,大国海洋博弈再起,深海、极地成为新的竞争前沿,海洋科技创新日益成为大国博弈的战略制高点。作为海洋强国,美国进一步强化其海洋创新体系建设,力图巩固全球海洋事务主导权,其海洋教育体系也随之优化调整。如 MIT 海洋联盟将海洋工程、海洋科学、海洋经济等领域资源进行整合,提出"蓝色经济"概念,致力于推动海洋可持续发展。加利福尼亚大学圣迭戈分校等高校也纷纷布局海洋环境、海洋大数据等战略方向,抢占未来竞争制高点。可以预见,随着全球海洋治理体系加速重构,争夺话语权、规则制定权的大国博弈将进一步加剧,这对美国乃至世界海洋教育体系变革将产生深远影响。

（四）我国海洋高技术人才建设的主要问题

1. 人才规模快速增长，结构性矛盾仍然突出

近年来，特别是党的十八大提出建设海洋强国战略以来，我国海洋科技领域人才队伍实现跨越式发展。学术型人才数量从 2012 年开始出现迅猛增长，到 2022 年已达 5 660 人，位居世界前列。研发应用型人才增长更为迅速，2010 年仅占全球的 17%，2022 年猛增至 70%，数量达到 11 476 人，跃居全球第二。科研机构数量也保持稳步上升态势，目前约有 596 家从事海洋科技创新活动，约占全球总量的 12%。

这一发展态势得益于国家对海洋事业的高度重视和持续投入。实施"海洋强国"战略、设立海洋领域重点专项等政策措施，为人才培养和集聚创造了良好环境，一批在海洋工程装备、海洋资源勘探开发、海洋环境保护等领域的高层次创新团队和领军人才涌现，我国海洋科技创新实力显著提升。根据《全球海洋科技创新指数报告（2020）》，我国海洋科技创新整体实力稳步增强，全球排名从第十位跃升至第四位，位列第二梯队。在涉海领域专利申请数量/国内生产总值（GDP）、企业涉海领域专利申请数量占比、高校涉海领域专利申请数量占比等具体指标上表现突出。

但从人才结构看，不同类型人才的增速差异明显，发展不平衡问题仍然突出。研发型人才的增速远快于学术型人才，二者比例失衡，亟须加快培养造就一批能引领学科发展的战略科学家。此外，科研人才在不同机构和地区间分布不均衡，东部沿海地区的高校和科研机构占据了主要份额，西部和内陆地区海洋人才相对不足。

从人才发展的行业分布来看，企业与高校、科研机构间也存在较为明显的人才失衡现象。尽管企业已成为研发活动的主力军，全国企业科学研究与试验发展（R&D）人员数量预计已超过 600 万，占比维持在 75% 以上，但其内部高学历、高层次研发人才的占比却相对较低。预计企业内部博士及以上学历 R&D 人员仅占 7% 左右。这一比例虽较 2020 年的 6.5% 略有

提升,但增速缓慢,反映出企业在吸引和培养顶尖科学家方面仍面临较大挑战。

相比之下,美国企业展现出了更强大的全球化人才集聚效应。谷歌、苹果、亚马逊等科技巨头不仅拥有数量庞大的研发团队,在人工智能、大数据、云计算等前沿领域聚集了大批顶尖科学家,还通过设立研究实验室、与高校合作等方式,持续吸纳和培育新生代科技英才。相较之下,在全球人才竞争日益激烈的背景下,我国在高端人才引进培养方面仍需加大力度。

2. 科研产出能力大幅跃升,原创引领有待加强

我国海洋科技人才近年来取得了一系列标志性成果,科研创新能力显著增强。在论文产出方面,2010 年以来海洋科学领域论文总量已跃居世界第二,仅次于美国,高被引论文数量也持续攀升。其中,海洋装备领域的国际论文产出表现尤为亮眼,2022 年该领域高被引论文数已超过美国。更有多篇成果入选国际顶级期刊,获得同行广泛关注。

专利创新方面,2010—2022 年我国海洋装备领域专利申请量始终雄踞全球之首,远超其他国家。国内高校、企业和科研机构纷纷布局海洋装备技术创新,涌现出一批极具国际竞争力的专利产品。中国海洋石油集团有限公司、中国船舶集团有限公司、上海交通大学等一批创新主体跻身全球海洋装备专利申请量前二十。

但深入分析也发现,我国海洋科技研究在平均质量和学术影响力方面与发达国家还存在一定差距。以论文为例,我国海洋科学领域论文平均被引次数明显低于美国及欧洲老牌海洋强国。2010—2022 年,美国海洋装备领域论文平均被引数达 24.15 次,遥遥领先全球。

知识产权保护和专利运用能力也有待加强。尽管专利申请量大幅攀升,但授权率和授权量的增速相对缓慢。高价值发明专利数量与发达国家相比更是相距甚远。2022 年,美国海洋装备领域高价值发明专利数达 95个,而我国 12 年累计仅有 139 个。专利被引频次普遍偏低,反映出专利"含金量"有待进一步提升。

综合分析，深层次的原因在于，我国海洋科技领域基础研究仍显薄弱，原创能力不足，在高附加值核心技术环节受制于人的局面尚未根本扭转，关键材料、核心零部件等"卡脖子"问题依然突出。这导致具有重大原创性、引领性的科技成果还不多见，高水平论文占比与发达国家相比仍有差距。

3. 国际合作广度深度并重，主导权有待提升

海洋科学研究具有全球性、开放性的鲜明特点，国际合作已成为各国增进互信、深化协作的重要平台。近年来，我国海洋科技界积极融入全球创新网络，与国外同行开展了丰富多样的学术交流。海洋领域国际合作论文总量已跃居世界第二，在海洋生物、海洋环境、极地科考等前沿领域不断涌现高水平国际合作成果。同时，越来越多的中国科学家活跃在国际海洋科技组织和学术会议中，在全球海洋观测网建设、国际大科学计划等方面发挥了重要作用。中国主导或参与建设的海洋领域大科学装置，也成为国际科研合作的重要平台。

尽管国际合作的广度不断拓展，但在平均质量、影响力以及主导权等方面与发达国家相比还有不小差距。2010—2022年，中美两国海洋装备领域国际合作论文总量分别为2 526篇和5 131篇，高被引论文数分别为31篇和66篇，无论从数量还是质量上看，我国都明显落后于美国。更重要的是，在全球海洋治理、国际海洋规则制定等方面，中国发挥主导作用的机会还不多，话语权亟待提升。

造成这些差距的原因是多方面的。一是我国海洋科技的基础研究实力与美欧等发达国家相比还有不小差距，在国际学术界的地位和影响力有待进一步提高。二是语言文化的差异在一定程度上制约了双方的深度交流与合作。三是中外科研管理体制机制的差异，使得我国科研人员在参与国际大科学计划、承担国际合作项目时面临诸多不便。未来，我国应以更加开放包容的姿态参与全球海洋事务，在人才培养、平台基地建设等方面加强与国外一流大学和科研机构的务实合作，积极融入全球海洋治理体

系,推动构建海洋命运共同体,不断提升在国际海洋事务中的话语权和影响力。

4. 科教融合、产教融合有待深化,创新生态亟待优化

科技成果转化应用是衡量科技创新实效的关键环节。近年来,在国家政策的大力支持下,我国海洋领域产学研合作日益紧密,重大科技成果不断涌现并加速向现实生产力转化。一批关键核心技术在深海探测、海洋资源开发、海洋环境监测预报等领域得到成功应用,为海洋经济发展注入了强大动力。高校、科研机构与海洋行业骨干企业联合组建了一批海洋新材料、海洋生物制药、海洋装备制造等产业技术创新战略联盟,协同创新的机制日益完善。2010 年以来,我国海洋领域发明专利海外申请量年均增速超过 30%,《专利合作条约》(PCT)专利申请量跃居全球第二。不少涉海院校还成立了专门的成果转化机构,促进科技成果就地转化。

与此同时我们也应看到,海洋科技创新链与产业链的耦合还不够紧密,基础研究、应用开发与产业化的衔接有待加强。科研与教学"两张皮"现象依然存在,科教融合的深度和广度不够。一些高校重科研轻教学,重论文轻育人,人才培养的针对性和实效性不强。高校与行业企业在人才培养中的合作还不够深入,产教融合、校企联合培养的机制尚不健全,学生实践能力培养相对薄弱。教师参与企业生产实践、科研成果转化的内生动力不足,科研与教学相脱节的问题仍较为普遍。

此外,有利于人才成长的科研生态环境亟须进一步优化。据统计,截至 2019 年底,我国 39 岁以下的科技人力资源占比高达 78.39%,这一庞大群体正处于职业生涯的起步阶段。他们普遍面临机遇有限、晋升通道不畅、评价考核频繁、事务性负担过重等困扰。现有的青年人才资助项目在规模和范围上相对有限,难以满足他们的长期稳定支持需求。考核评价过于注重短期"达标",不利于潜心研究、久久为功。部分单位"白天忙杂事、晚上搞科研"的不良风气,严重影响了青年科研人员的工作热情和创新活力。

海洋领域作为交叉学科的代表，亟须加强学科交叉融合，为复合型创新人才脱颖而出创造条件。但目前，海洋科学一级学科内部各二级学科之间的沟通协作还不够，与相关工程技术学科乃至社会人文学科的对话更是明显不足。学科专业设置趋同，创新视野不够开阔，复合型人才培养机制有待完善。科研组织方式相对封闭，跨学科、跨单位、跨部门的协同创新氛围不够浓厚，不利于激发人才创新活力。

四、推动我国海洋高技术人才建设的政策措施

综合分析我国海洋学科建设和人才培养方面存在的问题后，为进一步加快海洋高技术人才队伍建设，提出以下几点对策建议。

（一）优化顶层设计，加强统筹协调

海洋人才队伍建设是一项复杂的系统工程，需要党和政府的高度重视和科学谋划，要将海洋人才工作纳入国家和地方人才发展总体规划，作为建设海洋强国的重要内容，予以统筹部署、系统推进。

一是完善国家海洋人才发展的顶层设计。抓紧研究制定最新的国家海洋人才中长期发展规划，为各地各部门开展海洋人才工作提供基本遵循。

二是健全地方海洋人才发展的政策体系。推动沿海省市将海洋人才建设纳入本地"十五五"人才发展专项规划，制定出台配套政策措施。鼓励有条件的地方设立海洋人才发展专项资金，强化高层次海洋人才"招、培、引、留"的政策支持。

三是构建海洋人才统计监测和预警机制。加快建立全国统一、分级负责的海洋人才统计调查制度，实现人才信息资源的互联互通、共建共享；建立健全国家海洋人才发展动态监测与预警机制，为科学制定人才政策、推动人才高质量发展提供决策支撑。

（二）深化人才培养模式改革，构建协同育人新机制

海洋高技术人才培养是一项复杂的系统工程，需要政府、高校、科研机构、行业企业等多方协同发力，形成育人合力。

一是创新校企、校所协同育人机制。鼓励高校与行业骨干企业联合培养海洋工程技术人才，推行"订单式"培养、"学徒制"培养等模式。推动高校与科研机构在人才培养、学科共建等方面开展深度合作。

二是深化产教融合、科教融合。支持高校建设海洋类专业学位研究生联合培养基地，推进专业学位研究生培养模式改革。鼓励高校与涉海企业共建面向产业发展需求的海洋特色学院，合作开发产业亟须的新兴专业和课程。支持科研机构与高校共建海洋科学研究生院，推动高水平科研资源向人才培养倾斜。

三是加强基础学科拔尖人才培养。抓紧制定海洋基础研究领域拔尖人才培养专项规划，加大对数学、物理、化学、生物等相关学科人才早期培养的支持力度。完善拔尖人才培育计划，为海洋基础研究人才脱颖而出搭建"快车道"。推动有条件的高校因材施教，为学生提供个性化、精细化的指导服务。

四是提升人才培养的国际化水平。支持国内高校与国外知名海洋院校开展多层次、宽领域的教育合作与交流。鼓励有条件的高校聘请国外知名海洋专家学者来华任教或开展合作研究，促进人才培养理念、方式方法的创新。加快建设一批海洋领域中外合作办学项目和国际科技合作基地，为学生提供更多接触国际前沿、拓展全球视野的机会。完善国家公派海洋领域研究生项目，支持更多优秀学子赴国外一流大学和研究机构深造。同时，积极利用国际组织等平台，支持我国海洋教育专家学者参与制定相关国际标准和规则，提升我国海洋教育的国际话语权和影响力。通过多种方式并举，促进教育理念、教学内容、培养模式等方面的改革创新，不断提升海洋人才培养的国际竞争力。

（三）强化科技创新的源头供给，提升自主创新能力

海洋科技自立自强，关键在于持续加强基础研究，为关键核心技术突破提供源头活水。要把加强基础研究作为科技创新的战略基点，大幅增加投入，持续巩固提升我国海洋科技的根基。

一是加强海洋基础研究和应用基础研究。加快制定实施海洋基础研究十年行动方案，聚焦海洋环境、海洋生物、海洋资源等重点领域，实施一批重大科技项目。抓紧布局建设一批海洋前沿科学中心和重点实验室，打造海洋基础研究的"国家队"。推动高校、科研机构与行业企业共建海洋科技创新联合体。

二是促进海洋科技与产业深度融合。实施海洋核心技术攻关"揭榜挂帅"行动，鼓励企业牵头组织高校、科研机构联合攻关，强化基础研究、应用开发、成果转化的衔接。支持有条件的地方建设海洋经济创新发展示范区，打造协同创新高地。深化科技计划管理改革，建立基础研究、应用开发、成果转化的无缝衔接机制。

三是强化科技创新战略谋划和宏观布局。编制实施海洋强国科技创新"十五五"规划，为我国海洋科技未来发展提供行动指南。强化国家海洋局在涉海科技规划统筹中的牵头作用，加强沿海省市、相关部门的协同对接。完善海洋科技创新评价机制，建立以质量、贡献、绩效为导向的评价体系，激发科研人员的创新活力。

四是加强重大科技基础设施建设。编制实施全国海洋领域重大科技基础设施建设"十五五"专项规划，加强海洋科考平台、船队、极地科考站等科技基础设施的统筹布局、协同共享，依托重要创新平台，打造若干海洋科技创新策源地。

（四）营造良好发展环境，激发人才创新活力

要加快完善人才发展体制机制，打通人才流动渠道，为海洋人才成长

营造良好的政策环境。要创新人才评价和激励机制，调动科研人员的积极性和创造性，为加快建设创新型国家提供坚实的人才支撑。

一是深化人才发展体制机制改革。建立更加灵活的用人制度，完善岗位设置、职称评定等办法，为不同层次人才搭建多元化成长通道；健全以创新能力、质量、贡献、绩效为导向的人才评价机制。

二是加大高层次海洋人才集聚力度。实施新一轮海洋高层次人才引进计划，重点引进一批掌握关键核心技术、具有国际影响力的战略科学家和科技领军人才；实施"海外青年学者招聘计划"，吸引更多优秀海外学者来华工作；建立完善高端人才柔性引进机制，打通人才"进得来、留得住、用得好"的通道。

三是加大青年科技人才培养支持力度。抓紧制订实施海洋领域青年科技人才专项支持计划，优化国家自然科学基金海洋学科申报资助机制，加大对 35 岁以下青年科研人员的倾斜支持。在人才项目、基地平台、重大任务等方面建立青年人才专门指标。

四是优化创新创业环境。加大财税、金融等政策扶持力度，为海洋科技企业成长创造良好条件；鼓励沿海地区因地制宜出台支持海洋经济发展的创新创业优惠政策；支持涉海院校、科研机构打造创新创业教育示范基地，营造鼓励创新、包容失败的文化氛围；发挥海洋经济创新发展示范区的引领作用，打造一批海洋特色"双创"平台。

（五）坚持开放合作，提升国际化发展水平

海洋科学研究的全球化特征日益凸显，必须坚持开放合作的发展理念，主动参与和引领国际海洋科技创新合作，努力在全球海洋治理体系变革中发挥重要作用。

一是积极参与全球海洋治理。发挥建设"21 世纪海上丝绸之路"核心区的独特优势，与共建"一带一路"国家深化海洋领域的务实合作；支持我国科学家在联合国教科文组织政府间海洋学委员会等国际组织中发挥积

极作用;推动构建公正合理的国际海洋科技合作规则,维护我国海洋权益。

二是深化国际科技交流与合作。支持涉海院校、科研机构与国外知名海洋机构开展实质性合作,共同实施重大科研项目;鼓励高水平涉海智库加强国际交流,提升我国在全球海洋事务中的话语权和影响力;支持我国科学家牵头或参与组织国际海洋科技学术会议,打造高端学术交流平台。

三是积极融入全球海洋创新网络。支持国内海洋科研机构与国际知名海洋实验室合作,共建国际海洋学计算中心等大科学设施;鼓励有条件的沿海城市打造面向全球的海洋创新创业园区,吸引更多海内外英才来华创新创业;加快建设海洋经济创新发展引领区,打造全球海洋科技要素资源的集聚地。

总之,面对日益激烈的国际海洋竞争态势,必须加快建立与海洋强国相适应的科技创新人才队伍,坚持目标导向和问题导向,统筹推进体制机制创新、教育培养模式创新、评价激励制度创新,努力建设一支规模宏大、结构合理、素质优良的海洋高技术人才队伍。

第四章

我国海洋国际人才建设的现状、问题和对策

海洋国际人才是我国参与全球海洋治理、维护海洋权益的重要力量。本章深入分析我国海洋国际人才建设的重点领域，包括海洋外交人才、海洋国际法治人才和"21世纪海上丝绸之路"建设人才。通过对当前我国在重要国际海洋组织和计划中的参与情况进行调研，揭示了海洋国际人才建设面临的挑战，并提出了相应的对策建议，旨在为提升我国在国际海洋事务中的影响力提供人才支撑。

一、海洋国际人才的使命与职责

（1）全球海洋治理的参与者和推动者。

海洋国际人才是我国参与全球海洋治理的重要力量。当今时代，信息技术迅速发展，全球经济发展方式发生了剧烈变革，全球化程度也越来越深[29]。海洋国际人才精通国际海洋法律和政策，深谙国际海洋事务的运作机制，正是他们逐步提升我国在国际海洋组织中的代表性，进一步参与国际海洋规则的制定和修订。未来，他们有望在构建更加公平合理的国际海洋秩序中发挥更大作用。例如，在可能出现的《联合国海洋法公约》修订过程中，我国海洋国际人才需要积极参与谈判，提出符合发展中国家利益的建议。同时，他们正在努力推动全球海洋可持续发展议程，在海洋环境保护、海洋资源可持续利用等领域贡献中国智慧。

（2）国际海洋合作的桥梁和纽带。

海洋国际人才在促进国际海洋合作中发挥关键的桥梁和纽带作用。海洋具有整体性、连通性等特点，全球化时代的海洋作为一种公共资源的特性也更加明显，海洋事务很难被限制在某一个国家的范围之内，海洋问题也很难由某一个国家单独解决，各国在海洋领域互相依存、相互依赖的程度更深[30]。海洋国际人才具备跨文化交流能力和国际视野，能够有效沟通和协调不同国家、地区和文化背景的利益相关方。在"21世纪海上丝绸之路"建设中，这些人才正推动着与相关国家的海洋经济合作、海洋科技交流和海洋环境保护合作。他们不仅参与重大海洋合作项目的谈判和实施，还需要进一步构建多层次、全方位的海洋合作网络。例如，在南海地区合作中，海洋国际人才需要继续推动联合科考、环境保护等非敏感领域合作，增进区域国家间的互信，为解决复杂的海洋争议创造有利条件。

（3）海洋权益维护的外交智囊。

在维护国家海洋权益方面，海洋国际人才正在成为重要的外交智囊。他们深入研究国际海洋法律和地缘政治，为国家海洋战略和政策的制定提供专业建议。在处理海洋争端和危机时，这些人才运用国际法律武器，通过外交谈判、国际仲裁等多种途径维护国家利益。未来，他们还需要更加积极地参与舆论引导，通过国际媒体和学术平台阐释中国的海洋政策，增进国际社会对中国海洋立场的理解和支持。

（4）海洋经济国际化的推动者。

海洋国际人才在推动我国海洋经济国际化进程中发挥着重要作用。他们熟悉国际海洋市场规则和运作机制，正在为我国海洋企业"走出去"提供专业指导。在海洋资源开发、海洋工程装备、海洋生物医药等领域，这些人才需要进一步推动国际合作和技术交流，帮助我国企业更好地参与国际市场竞争。同时，他们还需要加大吸引外资参与我国海洋经济发展的力度，推动海洋产业链的全球化布局。

（5）海洋科技交流的促进者。

在海洋科技领域,海洋国际人才是推动国际交流与合作的重要力量。他们具备专业的海洋科技知识,并熟悉国际科技合作的规则和程序。这些人才正在积极参与国际海洋科研项目,推动我国科研机构与世界一流海洋研究机构的合作。例如,在深海探测、极地科考等前沿领域,海洋国际人才正通过组织国际学术会议、联合科考等方式,促进我国科研人员与国际同行的深入交流。未来,他们还需要进一步加强引进国际先进海洋科技成果的力度,推动我国海洋科技水平的整体提升。

二、我国海洋国际人才建设的重点方向

海洋因本身所具有的流动特性连接起了世界各国,因此,海洋成为众多国际事务的交汇点。推动构建新型国际海洋秩序、维护我国海洋安全、妥善解决海洋争端、争取合法合理的国家海洋权益,这些艰巨任务需要我国加大海洋国际人才培养力度,立足国际国内环境,以"构建海洋命运共同体"为理论指导,以平等互惠合作共赢为原则目标,充分推动国际的对话交流与务实合作。我国海洋强国建设对海洋国际人才的需求主要集中在三个领域:一是海洋外交人才,二是海洋国际法治人才,三是针对"21世纪海上丝绸之路"建设的专业人才。

（一）海洋外交人才

海洋外交人才作为国家参与全球海洋治理、维护海洋权益的中坚力量,肩负着在国际海洋事务中代表国家利益、传播中国声音的重要使命。他们在参与全球海洋治理、应对海洋领域各种传统和非传统安全威胁、维护国家海洋权益等方面发挥着不可或缺的关键作用。

首先,海洋外交人才是我国参与全球海洋治理的重要力量。当前,全球海洋治理体系正面临诸多挑战,气候变化、海平面上升、海洋酸化、环境

污染等问题日益突出，海洋生态系统健康和可持续发展面临严峻考验。各国在海洋环境保护、海洋资源开发利用等方面的利益诉求错综复杂，国际海洋秩序处于深度调整变革之中。作为负责任的海洋大国，中国必须积极参与全球海洋治理，为推动建设公正合理的国际海洋秩序贡献智慧和力量[31]。这就需要一大批具备全球视野、熟悉国际规则、精通外交谈判的海洋外交人才，代表我国参与制定海洋领域国际规则和标准，在海洋环境保护、海洋资源开发、全球海洋观测等重大议题上发出中国声音、彰显大国担当。

其次，海洋外交人才是应对海洋领域各种传统和非传统安全威胁的重要保障。海洋因其连通性和战略地位，既是各国友好合作的纽带，也是大国博弈的焦点。海上军事对峙、领土主权争端、海盗劫持等传统安全威胁时有发生，严重危及地区乃至全球的和平稳定。与此同时，海上恐怖主义、跨国犯罪、自然灾害、公共卫生等非传统安全威胁不断涌现，对人类福祉和可持续发展构成严重挑战。海洋外交人才要立足国内国际两个大局，敏锐洞察海洋安全形势变化，准确把握各方诉求，在两种安全威胁防范和应对中发挥独特作用。一方面，他们要通过双边和多边渠道，推动海上安全对话合作，妥善管控分歧，维护地区和平稳定。另一方面，他们要积极参与联合国等多边机制下的海洋治理，协调各方行动，携手应对海洋领域共同挑战，为持续增进人类福祉贡献力量。

最后，海洋外交人才是维护国家海洋权益，特别是南海主权和海洋权益的重要力量。南海问题事关我国核心利益，涉及主权、安全和地区稳定。当前，南海形势总体稳定，但个别域外国家不断挑起事端，企图破坏南海和平稳定，损害中国在南海的主权和海洋权益。捍卫国家领土主权和海洋权益完整，是海洋外交人才义不容辞的神圣职责。他们必须以坚定的政治立场、过硬的专业能力、灵活的斗争策略，同域外势力的干扰破坏行径做坚决斗争。他们要以事实和法理驳斥对方的无理要求，阐明中方在南海的主权和海洋权益；以互利共赢理念化解分歧矛盾，推动南海行为准则磋商达成更多共识；以睦邻友好的实际行动赢得国际社会的支持，坚定维护南海和平稳定。同时，海洋外交人才还要积极参与北极、深海等全球海洋事务，提升我国在国际海洋规则制定中的话语权和影响力，维护国家海洋发展利益[32]。

要成为一名合格的海洋外交人才，必须具备扎实的专业素养和娴熟的外交能力。这就对他们的知识结构、能力素质和作风修养提出了更高要求。

首先，海洋外交人才需要具备深厚的知识底蕴。海洋外交涉及海洋科学、国际法、国际关系、地缘政治等诸多领域。从事这一行业的人才必须对海洋科学和海洋事务有深入了解和系统掌握；要熟悉物理海洋、海洋化学、海洋地质、海洋生物等海洋科学基础知识，准确把握海洋在地球系统中的重要作用；要精通海洋法、国际公约、国际法等知识，运用国际法理维护国家海洋权益；要研究国际关系理论流派，分析把握国际海洋格局变化，为外交决策提供智力支持。同时，还要广泛涉猎政治、经济、文化、科技等相关领域知识，不断拓宽视野，锤炼外交智慧。

其次，海洋外交人才需要具备卓越的专业能力。参与国际海洋事务是一项十分复杂和专业的工作，需要多方面能力的有机结合。海洋外交人才要具有敏锐的洞察力，准确把握国际海洋热点、难点、问题的症结所在；要具有缜密的逻辑思维，能从纷繁复杂的海量信息中梳理出清晰的思路和对策；要具有出众的语言表达能力，能用生动鲜活、令人信服的语言阐述中国观点、传播中国声音；要具有高超的沟通协调能力，听取各方意见，化解矛盾分歧，在争取支持中达成共识；要具有高超的谈判能力，运用灵活的策略和手段，捍卫国家核心利益，争取最大利益；要具有宽广的战略视野，立足当前、着眼长远，在参与全球海洋治理中谋求共同发展。

最后，海洋外交人才需要具备过硬的作风修养。海洋外交是一项充满挑战和压力的工作，需要强大的内心和意志。海洋外交人才必须对党忠诚、心系国家、甘于奉献，自觉将个人理想追求与国家和民族的前途命运紧密相连;要有家国情怀和使命担当,恪尽职守、勇于担当,在大是大非问题上旗帜鲜明,在关键时刻挺身而出、冲锋在前;面对各种诋毁抹黑,要保持战略定力,不卑不亢、有理、有利、有节。同时,海洋外交人才还要严于修身、严于律己,大公无私、清正廉洁,自觉接受各方监督,具备高度的职业道德和责任感,严格遵守外交纪律和职业道德规范,维护国家尊严和利益。

总之,海洋外交人才是维护和拓展国家海洋利益的重要力量,是建设海洋强国的宝贵资源。

(二) 海洋国际法治人才

海洋国际法治人才是捍卫国家海洋主权、维护海洋战略利益、引领全球海洋治理体系变革的核心支撑力量。他们运用国际法知识和法律手段,在维护国家海洋主权和权益、推动完善全球海洋治理体系、参与国际海洋立法等方面发挥着不可替代的关键作用。

首先,海洋国际法治人才是捍卫国家海洋主权和权益的重要力量。当前,以《联合国海洋法公约》为核心的国际海洋法律体系,为各国在海洋中的权利义务划定了基本框架。但在海洋划界、岛礁主权归属、航行自由等敏感问题上,国际海洋法的模糊性和不确定性,为一些国家损害他国海洋权益提供了空间。面对日益复杂的海洋权益争端,海洋国际法治人才必须发挥自己的专业优势,以事实和法理捍卫国家正当权益。所以,海洋国际法治人才要深入研究国际条约和判例,揭示对方主张的违法性;要从历史和现实出发,阐明我国在有关海域的主权权利;要加强国际法理论创新,努力掌握涉海领域国际规则制定的话语权,为维护国家海洋利益提供有力的法治保障。

其次,海洋国际法治人才是推动完善全球海洋治理体系的重要力量。海洋作为人类共同的遗产,其治理和可持续利用关乎人类的生存和发展。当前,全球海洋治理体系还不够完善,一些领域的国际立法尚存空白,执行机制有待健全。这就需要海洋国际法治人才发挥专业所长,积极参与相关国际组织事务和国际立法进程。他们要主动参与国际海洋法法庭、国际海底管理局、大陆架界限委员会等机构的工作，密切关注其职能发展动向，提出建设性意见；要以负责任大国的担当，主动参与国际海洋规则和标准的制定，在海洋环境保护、"21 世纪海上丝绸之路"、北极航道等重大议题上贡献中国方案。通过务实有效地参与，不断提升我国在全球海洋治理体系中的制度性话语权，引领全球海洋治理体系朝着更加公正合理的方向发展。

再次，海洋国际法治人才是维护人类海洋利益、促进海洋可持续利用的重要力量。海洋蕴藏着丰富的生物、矿产和能源资源，是人类宝贵的财富。但海洋资源的开发利用，必须以尊重自然、保护生态、造福人类为前提。这就需要运用国际法律手段，规范各国海洋行为，推动形成合作共赢的海洋秩序。海洋国际法治人才要积极参与国际海底区域矿产资源开发规章的制定，在利益分配、环保规范等方面充分反映我国合理诉求[33]；要深度参与国际海洋环境保护法律制度构建，推动建立以预防为主、防治结合的海洋生态文明制度；要加强涉海知识产权法律制度研究，推动构建惠及各方的海洋技术创新体系。通过法治力量，推动在国际社会形成尊重自然规律、保护海洋环境、促进可持续发展的良好氛围[34]。

最后，海洋国际法治人才还肩负着提升国家软实力、展示大国形象的重要使命。海洋法问题的背后，往往交织着错综复杂的地缘政治博弈。让世界听到并理解中国在海洋问题上的声音，是海洋国际法治人才义不容辞的责任。他们要善于运用国际法语言阐释中国海洋权益，向国际社会全面介绍我国海洋政策主张；要积极参与国际海洋法学术交流，讲好中国海洋故事，传播中国海洋文化，消除各种偏见和误解；要发挥海洋仲裁调解的独特功能，以文明理性、平等互信的方式化解矛盾纷争，彰显中国海洋事务处理的大国风范，努力塑造中国作为和平力量、发展力量、文明力量的良好国际形象。

培养造就一支精通国际海洋法、擅长涉海交涉、勇于维权斗争的高素质法治人才队伍，需要多方面共同发力。

一方面,要大力加强国际法学科特别是国际海洋法方向的学科专业建设,完善人才培养体系。鼓励和支持高等院校设立海洋法、国际公法等相关专业,建设一批国际海洋法研究中心、案例研究中心等。同时,积极引进国外优质教育资源,选派骨干教师和优秀学生赴国外知名大学进修深造,提升国际化办学水平。另一方面,要畅通法学人才进入涉海实务部门工作的渠道,拓宽其实践锻炼平台。鼓励法学专业毕业生到外交、海洋、商务、渔业等涉海单位工作,到驻外使领馆、国际组织任职,在实践中提升专业技能。

与此同时,涉海实务部门也要主动吸纳法治人才,完善工作机制,为人才脱颖而出提供舞台。建议设立海洋法律事务高级顾问等岗位,吸引高层次海洋法专业人才参与涉海决策咨询、谈判斡旋、纠纷调处等工作;完善法律人才到国际海洋法法庭、大陆架界限委员会等机构任职的选派机制,为他们在国际组织任职创造条件。此外,要建立健全海洋法律人才的教育培训、交流互鉴机制;支持法学院校与涉海单位合作,为实务部门量身定制高质量的海洋法律培训项目;以组团出访、举办研讨会等形式,加强法学界与实务界的交流互动,形成学术研究、实务应用的良性互动。

一名优秀的海洋国际法治人才,必须具备深厚的专业功底、广阔的国际视野、敏锐的法治思维和过硬的实务能力。这对从事这一行业的人才提出了很高要求。

第一,海洋国际法治人才必须具备系统扎实的国际法理论基础。他们要熟悉和掌握国际法的一般原则和基本规则,深入领会国际条约、国际习惯、法律一般原则等国际法渊源,尤其要精通《联合国海洋法公约》的立法精神、制度构建和运行机理,准确把握国际海洋法发展的历史逻辑和前沿动态;还要广泛涉猎与海洋法相关的国际经济法、国际环境法、国际人权法等知识,增强法律思维的系统性和严密性。

第二,海洋国际法治人才必须具有长远的战略眼光和开阔的全球视野。海洋问题往往与地缘政治、国际经济、全球治理等复杂因素交织在一起。这就要求法治人才要立足国际政治经济大势,准确把握国际海洋事务的发展态势,洞悉各方在海洋问题上的利益诉求;要主动将眼光投向国际社会,密切关注国际组织和域外大国在海洋事务中的政策动向,为我国海洋战略决策提供前瞻性、预判性的法律建议。

第三,海洋国际法治人才必须具备熟练运用国际法维护权益的能力。面对各种涉海争议,要能够运用国际法的言语,阐明事实,讲清道理,以理服人、以法服人;要以国际法理论为指导,以历史事实为依据,坚定维护国家海洋主权和海洋权益。对于各种歪曲事实、无端指责的言论,要敢于发声、善于辩驳,旗帜鲜明地回击各种错误言论。特别是对于南海等关乎国家核心利益的原则问题,要坚持原则、寸步不让,同时讲究策略、注重智慧,在捍卫主权和维护稳定中求得平衡。

第四,海洋国际法治人才还必须具备娴熟的涉外沟通和谈判技巧。国际法的运用离不开外交谈判的艺术。这就要求法治人才既要有渊博的专业知识,又要有高超的语言表达和人际交往能力;要能够运用流利的英语,准确、生动地阐释中国在海洋问题上的原则立场;要掌握国际谈判的策略和技巧,在谈判桌上沉着冷静、从容应对,最大限度地捍卫国家利益。同时,还要注重人文交流,增进与各国海洋法律界的友谊,为我国海洋事业营造良好的国际舆论环境。

综上所述,海洋国际法治人才是维护国家海洋权益的战略尖兵、国际舞台上的中国声音传播者以及全球海洋治理体系的深度参与者。他们不仅是国家海洋主权的坚定捍卫者,更是国际海洋法治秩序的积极建设者,肩负着运用法治思维和规则智慧维护国家利益、推动全球海洋治理体系变革的重要使命。这支高素质、专业化的人才队伍,应以深厚的法学素养、宽广的国际视野和卓越的实践能力,在国际海洋事务中发出中国声音、提出中国方案、贡献中国智慧,为构建公平合理的国际海洋秩序、推动构建海洋命运共同体提供强有力的智力支撑和人才保障,成为新时代中国参与全球海洋治理、提升国际话语权的核心力量。

（三）"21世纪海上丝绸之路"建设人才

在共建"21世纪海上丝绸之路"的宏伟蓝图中，除了前文提到的海洋外交人才和海洋国际法治人才外，熟悉国别和区域情况、通晓国际经贸规则、具备复合型知识结构的"21世纪海上丝绸之路"建设人才也是迫切需要的。这类人才虽然同样服务于国家海洋战略，但与海洋科技人才、海洋军事人才又有所不同，他们更加注重经济、人文、法律等领域的专业知识，致力于参与国际经贸合作和人文交流，服务"一带一路"建设大局。

"21世纪海上丝绸之路"建设人才肩负着参与国际经贸合作、深化互利共赢的重要使命。共建"21世纪海上丝绸之路"的重点在于畅通海上经济走廊、拓展海洋经济发展空间。这就需要一批精通国际贸易、海洋经济、跨国投资等领域的专业人才。他们熟悉国际经贸规则和惯例，了解共建国家的产业布局、资源禀赋、市场特点，能够推动中国同共建国家在海洋渔业、油气开发、港口建设等领域开展务实合作，引导中国优势产能与共建国家发展需求精准对接[35]。同时，他们还善于统筹利用国际国内两个市场、两种资源，在国际产业转移和全球价值链重构中抢抓先机，推动构建开放、包容、普惠、平衡、共赢的海洋经济全球化格局。依托这支经贸人才队伍，我国与"21世纪海上丝绸之路"共建国家的海上合作项目日益增多，海洋经济纽带更加紧密。

"21世纪海上丝绸之路"建设人才肩负着传播中华文化、促进民心相通的重要使命。古代海上丝绸之路不仅是贸易往来之路，更是沟通中外文明、增进民心相知的桥梁。新时代共建"21世纪海上丝绸之路"，既要注重硬联通，更要注重软联通，以文明交流超越文明隔阂，以文明互鉴超越文明冲突。这就需要一批熟悉共建国家历史文化、社会风俗的国别和区域研究人才。他们要秉持正确的文明观、文化观，尊重世界文明的多样性，以海纳百川的胸怀、兼收并蓄的姿态加强不同文明交流互鉴；要充分发掘古代海上丝绸之路的历史文化遗存，讲好海上丝绸之路的动人故事，展现海上丝绸之路源远流长的历史底蕴。同时，要创新人文交流方式，积极开展智库对话、文化年、旅游年、影视交流等活动，为构建人类命运共同体营造良好的文化氛围[36]。

"21世纪海上丝绸之路"建设人才还肩负着参与全球治理、维护国家利益的重要使命。共建"21世纪海上丝绸之路"不可避免地要处理各种风险和挑战，维护共建国家共同利益。这就需要一批熟悉国际法、国际关系的复合型人才。他们要有全球视野，立足中国、放眼世界，对"一带一路"共建国家政治、经济、法律环境有透彻研究，能够为"一带一路"顶层设计、重大项目决策提供智力支持；要精通国际法，善于运用法治思维和法治方式解决海上争议，推动完善"一带一路"投资保护、风险防控等法律制度，为"21世纪海上丝绸之路"建设营造稳定、公平的法治环境。同时，他们还要积极参与全球海洋治理，在深海探测、环境保护、海上搜救等领域同共建国开展务实合作，为维护全球海洋权益贡献中国智慧。

与海洋科技人才相比，"21世纪海上丝绸之路"建设人才虽然不从事海洋科学技术研发，但同样需要掌握海洋工程、海洋环保等相关知识，以更好地服务海上项目建设和运营。与海洋军事人才相比，"21世纪海上丝绸之路"建设人才虽然也要维护海上通道安全，但更多是通过对话协商、经贸合作等柔性方式化解矛盾。可以说，"21世纪海上丝绸之路"建设人才是海洋经济的开拓者、中华文化的传播者、不同文明的沟通者、国家利益的维护者，更是国家海洋战略的重要支撑力量。

总之，人才是"21世纪海上丝绸之路"建设的关键。"21世纪海上丝绸之路"的建设需要一大批具有全球视野、通晓国际规则、熟悉共建国家国情的高素质、复合型人才，这对海上丝绸之路建设者的知识结构、能力素质和精神品格都提出了更高要求。

第一，"21世纪海上丝绸之路"建设人才必须具备扎实的专业知识。他们或深谙国际贸易之道，或精通金融投资之术，或熟稔海洋法律之理，或知晓共建国别区域发展之策。这就要求他们要成为所从事领域的行家里手，以过硬的专业功底和娴熟的专业技能奠定参与国际竞争与合作的坚实基础。同时，建设"21世纪海上丝绸之路"涉及面广、联系紧密，仅具备单一领域的专业知识远远不够，建设者还必须广泛涉猎政治、经济、法律、文化等多学科知识，努力成长为具备复合型知识的通才，以应对海上丝绸之路建设中的复杂局面。

第二，"21世纪海上丝绸之路"建设人才必须具备卓越的国际化能力。"21世纪海上丝绸之路"连通了不同国家、不同地区，建设者必须具有全球视野，深刻洞察世界政治经济格局的发展变化，准确把握不同国家的发展诉求；要熟悉国际惯例和通行做法，了解不同国家的法律法规、人文习俗，能够从容应对文化差异和意识形态分歧。同时，他们还要具备一定的外语能力特别是掌握海上丝绸之路共建国家语言的能力，熟练运用英语进行跨文化交流与合作。因为只有这样，无论是在谈判桌上还是在项目一线，他们都要能够直接同东道国官员、企业家、员工进行有效沟通。

第三，"21世纪海上丝绸之路"建设人才必须具备过硬的专业素养。走出国门、走向世界，他们代表的不仅是一个企业，更是一个国家的形象。这就要求"21世纪海上丝绸之路"建设人才要有强烈的事业心和责任感，以饱满的热情投身于海上丝绸之路的建设中，甘于吃苦、乐于奉献，在艰苦的环境中开拓进取；要有科学严谨的工作作风，在异国他乡依然坚持高标准、严要求，精益求精、追求卓越，以高质量的工作赢得东道国的信任和尊重；还要有正直诚信的职业操守，严格遵守法律法规和职业道德，公正廉洁、克己奉公，传递中国企业、中国公民的良好形象。

第四，"21世纪海上丝绸之路"建设人才还必须具备宽阔的文明视野。作为不同文明交流互鉴的使者，海上丝绸之路建设者代表的是中华文明，传递的是和合共生的价值理念。这就要求他们要有海纳百川的宽阔胸怀，尊重不同文明的多样性，以平等、谦逊、友善的态度对待东道国的文化传统；要主动学习当地语言，了解当地历史，体验当地风土人情，在日常相处中消除隔阂、增进友谊。同时，他们还要积极传播中华文化的精髓，讲好中国故事、传播好中国声音,为不同文明交流互鉴搭建桥梁。

三、我国海洋国际人才建设的现状和不足

近年来,随着中国海洋科技的迅速发展,我国在海洋国际人才建设方面取得了一定的进展,但同时也面临诸多挑战和不足。

从海洋国际人才的参与度和影响力来看,我国海洋科学家的国际化程度正在不断提高。他们积极参与国际海洋科学研究计划,加入国际海洋组织,与多个国家和国际组织展开了深入的合作。这些合作涉及海洋生态、气候变化、海洋资源开发等多个领域,为推动全球海洋科学的发展做出了重要贡献。例如,中国科学院海洋研究所牵头的"多重胁迫下海洋生态系统健康"国际合作计划已获批"海洋十年"项目,这不仅展示了中国在全球海洋科学研究中的领导力,也凸显了我国海洋科学家在国际舞台上的影响力。

在国际海洋组织中,中国科学家也逐渐发挥出更重要的作用。例如,李科浚于 2006 年担任国际船级社协会(IACS)理事会主席,这是继日本海事协会之后,来自东方的亚洲船级社再次担任国际船级社协会主席,展示了中国船级社在国际上的重要地位和影响力。此外,在联合国粮食及农业组织的渔业和水产养殖司中,屈四喜博士担任水产养殖处处长,负责领导和管理全球水产养殖政策和规划工作,在推动全球水产养殖业的可持续发展、改进养殖技术和促进国际合作方面发挥了重要作用。

然而,尽管取得了这些成就,我国海洋国际人才的整体影响力仍然有限。由中国发起的国际性海洋组织和国际海洋科学合作项目相对较少,中国海洋科学家参与的国际合作项目在数量、深度和广度上还需进一步提升。特别是在一些重要的国际海洋组织中,我国的参与层次和影响力还不够高。例如,虽然中国是国际海事组织的 A 类理事国,但与国际上一些航海大国相比,我国在国际海事组织中的影响力和话语权还有较大的提升空

间。同样，在国际海洋法法庭上，中国的参与度和案例实践相对较少，这在一定程度上限制了我国在国际海洋法律事务中的影响力。

此外，在一些区域性海洋组织和新兴的全球海洋治理机制中，中国的参与程度和话语权尚未与其经济实力和国际地位相匹配。这种情况反映出我国海洋国际人才在参与全球海洋治理方面还存在一定的不足，需要进一步提升其在国际舞台上的活跃度和影响力。

从海洋国际人才的培养体系来看，我国面临一系列挑战。特别是在海洋法律外交人才的培养方面，存在明显的不足。调研发现，目前国内开设海洋外交类课程的高校数量极少，仅有外交学院和北京大学（国际关系学院）设置了相关课程。即便在这两所高校，海洋外交课程也主要被设置为基础课和选修课，而非必修课。这种情况反映出海洋外交在高校课程设置中未得到足够重视，其普及度相对较低。

同样，在海洋法学专业人才培养方面，我国也面临严重不足的情况。目前全国仅有厦门大学、武汉大学、中国海洋大学、中国政法大学、大连海事大学、上海海事大学、复旦大学等少数高校在硕士研究生阶段设立了海洋法学方向，这导致能够专门从事海洋法律事务的专业人才极为有限，无法满足日益增长的海洋外交和法律服务需求。这种人才供给的不足可能会在未来影响我国在国际海洋事务中的参与度和话语权。

更为严重的是，由于海洋法学在国内仍处于发展初期，其知识体系尚未得到充分整合。多数高校即使开设了相关课程，也往往是在传统法学框架内进行一些海洋法学相关知识的介绍，缺乏系统性和深度。这种情况导致海洋法学研究的碎片化，不利于形成完整、系统的学科体系。同时，相对于传统的法学领域，这些开设海洋法学的高校可能面临教学资源、研究资金等方面的限制，难以充分支持该专业的深入发展。

此外，国内大部分高校的海洋法学教育仍偏重理论教学，与实践脱节，缺乏与海事部门、航运企业等实体的紧密合作。这导致学生难以获得实际操作和案例分析的机会，影响其实践能力的提升。这种理论与实践的脱节可能会导致培养出来的人才难以适应实际工作的需求,从而影响我国海洋法律外交人才的整体质量。

从国际合作环境来看,我国海洋国际人才建设面临更多新的挑战。近年来,中美两国在多个领域的科学合作项目均有所减少,这种合作关系的"冷却"限制了双方在海洋科学研究方面的共同进步。这种国际合作环境的变化不仅可能影响我国海洋科学研究的发展,还可能限制我国海洋国际人才的成长和国际视野的拓展。

我国海洋国际人才建设还面临人才结构不平衡的问题。尽管中国海洋科学家队伍在不断壮大,但具有国际视野和领导能力的科学家数量仍相对较少。特别是能发起重大计划、设置主要议题的高端人才尤为稀缺。例如,在国际海洋考察理事会(ICES)中,中国虽然不是理事会成员国,但中国的科研机构,如中国水产科学研究院、中国海洋大学等,与国际海洋考察理事会开展了广泛的科学研究与合作。然而,能够在这些国际组织中担任核心领导角色的中国科学家仍然较少。

我国海洋国际人才建设还面临人才培养与实际需求之间存在差距的问题。中国海洋事业的快速发展,对海洋国际人才的需求日益增长。然而,现有的人才培养体系难以满足这一需求。无论是海洋科学研究人才,还是海洋法律外交人才,其培养规模都远远不能满足实际需求。特别是既精通海洋科学技术,又熟悉国际规则和外交谈判的复合型人才更是稀缺。

这种人才供给与需求之间的不匹配可能会制约我国海洋事业的发展,影响我国在国际海洋事务中的参与度和影响力。例如,在《生物多样性公约》(CBD)制定的参与中,虽然中国自 1992 年加入以来一直积极参与该公约的各项工作和会议,但能够在国际舞台上代表中国参与高层次谈判和决策的人才仍然较少。

最后,我国海洋国际人才建设还面临支持体系不完善的问题。相对于传统学科,海洋法学等新兴学科在教学资源、研究资金等方面的支持还不够充分。缺少系统的实习实践基地和国际交流平台,减少了学生和青年学者的实践机会，限制了国际视野的拓展。同时，对于从事海洋国际事务的人才，缺乏有效的激励和晋升机制，这可能会影响人才的积极性和稳定性，从而影响我国海洋国际人才队伍的建设和发展。

在国际海洋科学合作计划方面，中国科学家的参与度和影响力也有待提升。例如，在世界气候研究计划（WCRP）中，虽然中国气象局和中国科学家一直积极参与，但能够在计划的核心决策层担任重要职务的中国科学家仍然较少。虽然有丁一汇等科学家在 WCRP 中担任联合科学委员会执行理事，但相较于中国在全球气候研究中的重要地位，我国科学家在该计划中的影响力还有提升空间。

在国际大洋发现计划（IODP）中，尽管中国于 1998 年加入并积极参与相关研究，但在计划的核心决策和重大科学问题的制定方面，中国科学家的影响力还不够突出。这反映出我国海洋科学家在国际大型海洋科学计划中的参与程度还需进一步提高。

在新兴的海洋科技领域，如深海探测、海洋生物技术等方面，我国虽然取得了一些重要进展，但在国际标准制定和技术规范制定方面的参与度还不够高。这可能会影响我国在未来海洋科技发展中的话语权和主导权。

在海洋环境保护和可持续发展方面，我国科学家虽然积极参与了联合国环境规划署的相关工作，但在全球海洋环境治理的政策制定和实施方面的影响力还有待提升。例如，在海洋塑料污染治理、海洋酸化应对等全球性海洋环境问题上，我国科学家的研究成果和政策建议还未能充分影响国际决策。

总的来说，虽然我国在海洋国际人才建设方面取得了一定的进展，但仍面临诸多挑战和不足。这些问题的存在不仅影响了我国海洋国际人才的培养质量和数量，也在一定程度上制约了我国在国际海洋事务中的参与度和影响力。因此，加强海洋国际人才的建设，完善人才培养体系，提升人才的国际化水平和实践能力，是我国未来海洋事业发展的重要任务。

四、推动我国海洋国际人才建设的政策措施

针对我国海洋国际人才建设现状和存在的问题，提出以下几条培养与建设我国海洋国际人才的对策建议。

（一）完善海洋国际人才培养体系，加强高校海洋法律外交课程建设

第一，扩大开设海洋外交和海洋法学相关课程的高校范围。目前，仅有外交学院和北京大学（国际关系学院）等少数高校设置了海洋外交类课程，这远远不能满足我国海洋国际人才培养的需求。应当鼓励更多的高校，特别是沿海地区的综合性大学和海洋类专业院校开设相关课程。这不仅能够扩大海洋国际人才的培养基数，还能够结合不同地区的特点和需求，培养出具有区域特色的海洋国际人才。同时，应将部分重要课程从选修课转为必修课，确保学生能够系统地学习相关知识。这种转变将有助于提高学生对海洋法律外交知识的重视程度，为他们未来参与国际海洋事务奠定坚实的理论基础。

第二，完善海洋法学专业的课程体系。海洋法学作为一个新兴学科，其知识体系尚未完整，导致教学内容的碎片化和不系统。应当组织海洋法学领域的专家学者，系统梳理海洋法学的知识结构，编写适合中国国情的海洋法学教材。这个过程不仅是知识的整合，更是对海洋法学理论的创新和发展。在编写教材时，应当充分考虑国际海洋法的最新发展趋势，结合中国在国际海洋事务中的实践经验，形成既有国际视野又符合中国国情的海洋法学知识体系。这样的课程体系能够帮助学生更好地理解复杂的国际海洋法律问题，为未来参与国际海洋事务谈判和决策做好准备。

第三，加强实践教学环节。海洋法律外交人才的培养不能仅限于课堂教学，还需要丰富的实践。应当与海事部门、航运企业、国际海洋组织等建

立稳定的合作关系，为学生提供实习实践机会。例如，可以组织学生参与模拟国际海洋法庭辩论赛，让他们体验国际海洋法律案件的处理过程；还可以安排优秀学生到国际海事组织、国际海底管理局等机构或组织实习，让他们亲身体验国际海洋组织的运作机制。这些实践经历不仅能够加深学生对理论知识的理解，还能培养他们的国际交往能力和问题解决能力，让其为未来参与国际海洋事务做好充分准备。

（二）构建海洋国际人才培养的国际合作平台，拓宽人才国际视野

第一，加强与国际海洋组织的合作。国际海洋组织是全球海洋治理的重要平台，也是培养海洋国际人才的重要场所。我国应当积极推动高校、科研机构与国际海事组织、国际海底管理局等重要国际海洋组织建立长期合作关系。这种合作可以包括联合研究项目、人员交流、培训计划等多种形式。例如，可以争取在这些组织中设立中国青年专家岗位，选派优秀的年轻学者到这些组织工作，让他们在实际工作中深入了解国际海洋组织的运作机制和决策过程。同时，也可以邀请这些组织的专家来华开展讲座、培训，为国内的海洋国际人才提供直接学习国际经验的机会。这种深度合作不仅能够提升我国海洋国际人才的实践能力，还能增强我国在国际海洋组织中的影响力。

第二，推动国际联合培养项目。在全球化背景下，海洋国际人才必须具备国际视野和跨文化交流能力。应鼓励我国高校与国外知名海洋法学院校、海洋科学院校建立合作关系，开展学生交换、联合培养等项目。这些项目可以采取多种形式，如双学位项目、短期交流项目、暑期学校等。通过参与这些项目，我国学生可以亲身体验不同国家的教育模式，接触国际前沿知识，了解不同国家和地区的海洋政策和实践。同时，这也为国外学生了解中国的海洋政策和实践提供了机会，有助于增进国际理解。这种国际化的培养模式不仅能够提升学生的专业知识和语言能力，还能培养他们的跨文化交流能力、拓宽国际视野，为未来参与国际海洋事务奠定基础。

第三,支持我国科学家参与国际大型海洋科学计划。国际大型海洋科学计划是推动全球海洋科学发展的重要平台,也是培养高层次海洋国际人才的重要途径。应当鼓励和支持我国科学家积极参与 WCRP、IODP 等国际大型海洋科学计划,并争取在这些计划中担任重要职务。例如,可以设立专项基金,支持国内科学家参与这些计划的会议和研究活动,鼓励他们在国际学术期刊上发表研究成果。同时,还应当支持我国科学家牵头发起国际合作研究项目,提升我国在国际海洋科学研究中的话语权和影响力。通过参与这些国际计划,我国科学家不仅能够接触到国际前沿研究,还能在与国际同行的合作中提升自身的科研能力和国际影响力,从而推动我国海洋科学研究的整体水平提升。

(三) 建立健全海洋国际人才评价与激励机制,吸引和留住优秀人才

第一,制定科学合理的评价标准。传统的人才评价体系过于注重论文发表数量等学术指标,难以全面反映海洋国际人才的真实水平和贡献。应当建立多元化的评价体系,不仅关注学术成果,还应重视其在国际组织中的任职情况、参与国际规则制定的贡献、解决实际问题的能力等。例如,可以将参与国际海洋法律案件的处理、在国际海洋组织中担任重要职务、参与国际海洋科学计划的领导工作等纳入评价指标。同时,还应当重视人才的创新能力和国际影响力,如提出的新理论、新方法在国际上的认可度,在国际学术会议上的发言和影响等。这种全面的评价体系能够更好地反映海洋国际人才的综合能力,激励他们在多个方面发展,从而更好地服务于国家海洋战略。

第二,完善人才激励机制。优秀的海洋国际人才是稀缺资源,需要有吸引力的激励机制来吸引和留住他们。应当提高海洋国际人才的待遇水平,设立特殊岗位津贴,为其提供良好的工作和生活条件。例如,可以参考相关国际组织的薪酬标准,为高层次海洋国际人才提供具有国际竞争力的

薪酬待遇。同时，还应当建立灵活的职业发展通道，为优秀人才提供多样化的晋升机会。可以设立"首席海洋外交官""国家海洋科学家"等荣誉职位，既提高人才的社会地位，又给予他们更大的发展空间。此外，还应当为海洋国际人才提供充足的研究经费和先进的科研设备，支持他们开展国际合作研究，参与重大国际项目。这种全方位的激励机制能够让海洋国际人才感受到重视和支持，增强他们的归属感和使命感，从而更好地为国家海洋事业服务。

第三，营造良好的工作环境。优秀人才的成长需要良好的环境支持。应当为海洋国际人才提供自由宽松的学术环境，鼓励他们大胆创新，勇于挑战国际前沿问题；应当简化行政程序，减少不必要的行政干预，让人才有更多时间和精力投入研究工作中。此外，还应当建立国际化的工作环境，如聘请国际知名专家担任顾问，定期举办国际学术会议，为海洋国际人才提供与国际同行交流的平台。良好的工作环境不仅能够提高人才的工作效率和创新能力，还能增强他们的职业满足感，从而吸引更多优秀人才加入海洋国际事务领域。

（四）加强复合型海洋国际人才培养，提升我国在国际海洋事务中的影响力

第一，设置交叉学科培养项目。面对日益复杂的国际海洋事务，单一的专业知识已经难以应对。应当在相关高校中设立海洋科学与国际关系、海洋法学与海洋科学等交叉学科专业，培养具有多学科背景的复合型人才。这种交叉学科项目应当打破传统学科壁垒，整合不同学科的优势资源。例如，可以由海洋科学、国际关系、法学等不同学科的教师共同参与课程设置和教学，让学生能够系统地学习海洋科学知识、国际法律规则和外交谈判技巧。同时，还可以邀请实务部门的专家参与教学，让学生了解实际工作中的需求和挑战。这种复合型人才培养模式能够帮助学生建立跨学科思维，培养他们解决复杂问题的能力，为未来参与国际海洋事务做好

全面准备。

第二，强化在职人员的继续教育。对于已经在海洋领域工作的专业人员，应当提供继续教育的机会，帮助他们拓展知识结构，提升综合能力。例如，可以为海洋科学家提供国际法、外交谈判等方面的培训，帮助他们了解国际海洋法律框架和外交实践；为海洋法律外交人才提供海洋科学知识的培训，使他们能够更好地理解海洋科学问题。这种继续教育可以采取多种形式，如短期培训班、在线课程、工作坊等，以满足不同人员的工作时间和学习需求。继续教育，不仅能够提升在职人员的专业能力，还能促进不同领域专业人才之间的交流与合作，为解决复杂的国际海洋问题提供智力支持。

第三，在实践中培养人才。复合型海洋国际人才不能仅限于学习理论，更需要在实践中锻炼和成长。应当选派优秀的青年科学家和法律专家参与国际海洋事务谈判，让他们在实际工作中积累经验，提升综合能力。例如，可以建立"海洋国际人才实践基地"，与外交部、自然资源部等相关部门合作，为人才提供参与国际谈判、国际海洋科考等实践机会。同时，还可以鼓励他们参与国际海洋组织的工作，如申请国际海底管理局的实习项目，或参与《联合国海洋法公约》相关会议的中国代表团工作。通过这些实践，人才不仅能够将所学知识应用到实际工作中，还能深入了解国际海洋事务的运作机制，培养国际视野和外交技巧。这种在实践中培养人才的方式，能够加速复合型海洋国际人才的成长，为我国参与全球海洋治理培养亟须的高端人才。

通过以上措施，我们可以系统性地提升我国海洋国际人才的培养质量，建立一支具有国际视野、熟悉国际规则、精通海洋科技的复合型人才队伍。这不仅能够提升我国在国际海洋事务中的影响力和话语权，还能为我国海洋强国战略的实施提供有力的人才支撑，推动我国海洋事业的可持续发展。

第五章

我国海洋文化教育人才建设的现状、问题和对策

海洋文化教育是提升国民海洋意识、培育海洋精神的重要途径,在海洋强国建设中具有基础性作用。本章聚焦海洋文化教育人才建设,分析了国民海洋意识教育、海洋生态文明建设和海洋科普教育的现实需求。通过探讨海洋文化教育人才的特征、任务和培养难点,提出了建立专业人才队伍、培养教师海洋意识、发展海洋科普人才等具体措施,为提升我国海洋软实力提供人才保障。

一、海洋文化教育人才的使命与职责

在我国建设海洋强国的宏伟蓝图中,海洋文化教育人才肩负着特殊而重要的使命。这一群体的使命与职责,深深植根于我国当前的发展阶段和战略需求,同时也与国际形势的变化和全球海洋治理的趋势密切相关。理解和阐述海洋文化教育人才的使命与职责,需要我们站在国家发展和国际竞争的高度,全面把握海洋强国建设的内在要求和外部环境。

首先,从国家发展的角度来看,建设海洋强国是中国实现国家现代化的重要组成部分。随着经济社会的快速发展,中国越来越深刻地认识到海洋对于国家安全、经济繁荣和可持续发展的重要性。然而,长期以来,我国传统文化中的大陆思维和农耕文明特征,在一定程度上制约了国民海洋意识的培养和海洋事业的发展。因此,海洋文化教育人才的首要使命就是推

动国家从陆地大国向海洋强国转型,培育和塑造与海洋强国地位相匹配的国民海洋意识和海洋文化素养。

这一使命的重要性体现在多个方面。它不仅关系到国民对海洋资源、海洋权益的认知和重视程度,更影响着国家海洋战略的制定和实施效果。海洋文化教育人才需要通过系统的教育和引导,使全社会形成关心海洋、了解海洋、经略海洋的共识,为海洋强国建设凝聚强大的精神动力和文化支撑。这种文化和意识的转变,是一项长期而艰巨的任务,需要海洋文化教育人才坚持不懈地努力和奉献。

其次,从国际形势和全球海洋治理的角度来看,海洋文化教育人才的使命更显重要和紧迫。当前,全球海洋秩序正在经历深刻变革,海洋权益争端、海洋资源开发、海洋环境保护等问题日益凸显。在这一背景下,海洋文化教育人才肩负着提升国家海洋软实力、增强国际海洋事务话语权的重要职责。他们需要通过文化交流、学术研究、国际合作等多种方式,向国际社会展示中国负责任的海洋大国形象,传播中国的海洋文化理念,为构建公平合理的国际海洋秩序贡献中国智慧。

这一使命要求海洋文化教育人才不仅要深入研究中国传统海洋文化,更要站在全人类命运共同体的高度,探索人类与海洋和谐共处的新型关系。他们需要在传承中华海洋文明优秀传统的同时,吸收世界各国先进的海洋治理理念,推动形成兼具中国特色和世界眼光的现代海洋文化。这种文化应当能够回应全球海洋治理面临的共同挑战,为解决海洋资源开发与环境保护的矛盾、协调各国海洋权益等重大问题提供文化支撑和思想指引。

再次,从国内发展形势来看,海洋经济正成为国民经济增长的新动能,海洋科技创新正在不断取得突破。在这一背景下,海洋文化教育人才的使命还包括为海洋经济发展和科技创新提供人才支撑和文化引领。他们需要培养既懂技术又懂文化的复合型海洋人才,推动海洋文化与海洋科技、海洋产业的深度融合,为海洋经济的高质量发展注入文化活力和创新动力。

这一使命要求海洋文化教育人才具备跨学科视野和创新思维，能够洞察海洋文化与海洋经济、科技发展的结合点，培育富有创造力的海洋文化产业。同时，他们还需要通过文化引领，培养全社会拥有海洋创新精神和冒险意识，激发国民参与海洋开发、投身海洋事业的热情，为海洋强国建设提供持续的人才供给。

此外，在生态文明建设的大背景下，海洋文化教育人才还肩负着培育海洋生态文明理念、推动海洋可持续发展的重要使命。随着海洋开发强度的不断加大，海洋生态环境保护面临严峻挑战。海洋文化教育人才需要通过文化传播和价值引导，推动全社会形成尊重海洋、保护海洋的生态文明观念，为实现人与海洋的和谐共生提供文化支撑和道德指引。

这一使命要求海洋文化教育人才深入研究中华传统生态智慧，结合现代海洋科学知识，构建新时代的海洋生态文明理念。他们需要通过教育和文化传播，提升全民族的海洋生态意识，培养负责任的海洋公民，为海洋生态文明建设营造良好的社会氛围和文化环境。

最后，在全球化深入发展的背景下，海洋文化教育人才还承担着促进文明交流互鉴、推动构建人类命运共同体的崇高使命。海洋作为连接世界的纽带，历来是不同文明交流碰撞的重要载体。海洋文化教育人才需要立足中华海洋文明，积极吸收世界各国优秀海洋文化成果，推动形成开放包容、互学互鉴的现代海洋文化[37]。

这一使命要求海洋文化教育人才具备全球视野和跨文化交流能力，能够在国际舞台上自信地展示中国海洋文化，同时也虚心学习其他国家的优秀海洋文化。通过文化交流和对话，增进各国人民对海洋的共同认知，培育人类命运共同体意识，为构建更加公平合理的全球海洋治理体系贡献智慧和力量。

海洋文化教育人才的使命与职责是多元而深远的，涵盖了国家发展、国际竞争、文化传承、科技创新、生态文明和人类命运共同体建设等多方面。他们是海洋强国建设的文化先锋，是提升国家海洋软实力的重要力量，是推动全球海洋治理的思想引领者。

二、海洋文化教育人才建设的重点方向

(一) 海洋意识教育人才

在中国全面推进海洋强国战略的新时代征程中，海洋意识教育人才扮演着至关重要的角色。这类人才肩负着培育和塑造国民海洋意识的重要使命，其工作直接关系我国从陆地大国向海洋强国的转型。海洋意识教育人才的职责是多方面的，涵盖了从基础教育到高等教育，从公众普及到专业培训的广泛领域。

海洋意识教育人才的首要职责是推动全社会海洋意识的觉醒和提升。长期以来，受农耕文明的深刻影响，我国国民的海洋意识普遍较为淡薄。因此，海洋意识教育人才需要通过系统的教育和引导，帮助公众认识到海洋对国家安全、经济发展和生态环境的重要性。他们需要设计和实施针对不同年龄段、不同群体的海洋意识教育项目，如在中小学开设海洋主题课程，在高校推广海洋通识教育，在社会上组织各类海洋文化活动等。这些教育活动不仅要传授海洋知识，更要激发人们对海洋的情感认同，培养"蓝色国土"意识和海洋家园情怀。

在国际形势日趋复杂的背景下，海洋意识教育人才还需要着力提升国民的海洋权益意识和海洋安全意识。他们需要通过生动形象的案例和深入浅出的讲解，让公众了解我国的海洋权益的现状、面临的挑战以及维护海洋权益的重要性。同时，还要培养公众的海洋战略思维，使其认识到海洋在国家安全中的重要地位，理解发展海军、维护海上通道安全等的重要性。这项工作需要海洋意识教育人才具备敏锐的政治意识和战略眼光，能够准确把握国家海洋战略方向，并将其转化为通俗易懂的教育内容。

在生态文明建设的大背景下，海洋意识教育人才还肩负着培育海洋生态文明理念的重要职责。他们需要通过多种形式的教育活动，向公众普及海洋生态知识，传播可持续的海洋开发理念，培养海洋环境保护意识。这不仅包括传授基本的海洋生态知识，还要引导公众认识到个人行为与海洋生态之间的密切联系，培养负责任的海洋公民意识。例如，开展海滩清洁、海洋生物保护等实践活动，让公众亲身体验保护海洋的重要性和紧迫性。

在全球化深入发展的背景下，海洋意识教育人才还需要培养国民的国际海洋意识。这包括引导公众了解国际海洋法律和规则，认识到我国作为负责任的海洋大国的国际责任和义务。他们需要通过案例分析、模拟演练等方式，培养公众尊重国际海洋秩序、参与全球海洋治理的意识。这项工作要求海洋意识教育人才具备国际视野和跨文化交流能力，能够准确解读国际海洋事务，并将复杂的国际问题转化为公众易于理解的教育内容。

为了有效履行上述职责，海洋意识教育人才需要具备多方面的素养和能力。首先，他们需要有深厚的海洋文化底蕴和广博的海洋知识。这不仅包括深入了解中国传统海洋文化，还要熟悉世界海洋文明史，掌握现代海洋科学、海洋法律、海洋经济等多学科知识。只有具备这样的知识储备，他们才能在教育过程中游刃有余，应对各种问题和挑战。

其次，海洋意识教育人才需要具备出色的教育教学能力和创新思维。他们面对的是多元化的受众群体，需要能够根据不同对象的特点，设计适合的教育内容和方式。这要求他们不仅要掌握传统的教学方法，还要善于运用现代教育技术，如多媒体教学、虚拟现实技术等，让海洋教育更加生动有趣。同时，他们还需要具备课程开发能力，能够将海洋意识教育有机融入各个学科和领域。

再次，海洋意识教育人才需要具有较强的社会动员和资源整合能力。海洋意识教育是一项系统工程，需要调动社会各界的力量共同参与。因此，这类人才需要善于与政府部门、教育机构、企业、社会组织等多方合作，整合各方资源，形成海洋意识教育的合力；还需要具备项目策划和管理能力,能够组织大型的海洋文化活动、海洋教育项目等。

从次,海洋意识教育人才还需要具备敏锐的洞察力和前瞻性思维。海洋事务是一个快速变化的领域,新问题、新挑战层出不穷。这要求海洋意识教育人才能够及时把握海洋领域的最新发展动态,预见可能出现的新问题,并将这些新情况、新挑战及时纳入教育内容。同时,他们还需要具备较强的研究能力,能够深入分析海洋意识教育面临的问题,提出具有创新性的解决方案。

最后,海洋意识教育人才需要具有高度的责任感和使命意识。海洋意识教育是一项长期而艰巨的任务,这要求从事这项工作的人才具有强烈的爱国情怀和海洋情怀,深刻认识到自身工作对国家海洋事业发展的重要性,并加以持之以恒的努力。他们需要以身作则,在日常生活和工作中践行海洋意识,成为海洋文化的传播者和实践者。

海洋意识教育人才肩负着重要的历史使命,他们的工作直接关系到我国海洋强国的建设,所以,他们需要不断提升自身素质,拓宽知识视野,增强创新能力,以适应新时代海洋强国建设的需要。

(二) 海洋科普教育人才

在新时代海洋强国建设迈向高质量发展的战略布局中,海洋科普教育人才既是构建全民海洋意识的基础工程实施者,又是连接海洋科技创新与公众科学素养提升的桥梁纽带,其核心价值已深度融入国家海洋权益维护、蓝色经济转型和全球海洋治理体系重构的全维度进程,成为驱动"海洋科学普及—产业技术突破—生态文明建设"三位一体协同发展的创新引擎。这类人才肩负着传播海洋科学知识、培养公众海洋科学素养的重要使命,其工作直接影响我国海洋科技创新的社会基础和国民对海洋科学的认知水平。海洋科普教育人才的职责是多维度的,涵盖了从基础海洋知识普及到前沿海洋科技传播的广泛领域。

海洋科普教育人才的首要职责是将复杂的海洋科学知识用公众易于

理解和接受的形式进行普及。海洋科学涉及物理、化学、生物、地质等多个学科，知识体系庞大而复杂。海洋科普教育人才需要深入浅出地解释海洋科学概念，使公众能够理解海洋的基本特性、海洋生态系统的运作机制、海洋资源的分布与利用等核心知识。这项工作要求海洋科普教育人才具备扎实的海洋科学基础知识，同时还要有出色的语言表达能力和创新思维，能够运用生动形象的比喻、有趣的实验演示、直观的图表展示等多种方式，将抽象的科学概念具象化，激发公众的学习兴趣。

在当前海洋科技快速发展的背景下，海洋科普教育人才还肩负着传播海洋科技前沿成果的重要职责。他们需要密切关注全球海洋科技发展动态，及时将最新的科研成果转化为通俗易懂的科普内容。这包括介绍深海探测技术的突破、海洋能源开发的新进展、海洋生物技术的创新应用等。这些前沿科技的传播，不仅可以提升公众对海洋科学的认知水平，还能激发社会各界对海洋科技创新的关注和支持，为我国海洋科技发展营造良好的社会氛围。

此外，在全球气候变化和海洋环境保护日益受到关注的背景下，海洋科普教育人才还需要着力普及海洋环境科学知识，提升公众的海洋生态保护意识；需要利用科学数据和案例分析，让公众理解海洋在全球气候调节、碳循环等方面的关键作用，认识到海洋生态系统面临的威胁和挑战。同时，他们还要传播海洋污染防治、海洋生态修复等方面的科学知识，引导公众树立可持续的海洋开发理念，培养负责任的海洋环保行为。

海洋科普教育人才还需要致力于培养青少年的海洋科学兴趣，为国家海洋科技人才储备做出贡献。他们需要设计适合不同年龄段青少年的海洋科学教育项目，如海洋科学夏令营、海洋生物观察活动、海洋模型制作比赛等。这些生动有趣的实践活动，激发了青少年对海洋科学的好奇心和探索欲，培养了他们的科学思维和创新精神。这项工作对于培养未来的海洋科学家、海洋工程师等专业人才具有重要的基础性作用。

在信息技术快速发展的今天，海洋科普教育人才还需要积极运用新媒体技术开展科普工作。他们需要善于利用社交媒体、短视频平台、在线直播等新兴传播渠道,创作形式多样、内容丰富的海洋科普作品。这包括制作海洋科学知识短视频、开设海洋科普公众号、组织线上海洋科学讲座等。这些新媒体形式,不仅可以扩大科普工作的覆盖面,还能吸引更多年轻人关注海洋科学,提升科普工作的效果和影响力。

为了有效履行上述职责,海洋科普教育人才需要具备多方面的素养和能力。

第一,他们必须拥有扎实的海洋科学知识基础。这不仅包括对海洋物理、海洋化学、海洋生物、海洋地质等基础学科有全面了解,还要熟悉海洋工程、海洋资源开发、海洋环境保护等应用领域的知识。同时,他们还需要具备跨学科的知识背景,能够理解海洋科学与其他学科如气象学、生态学、环境科学等的交叉融合。只有具备这样全面而深入的知识储备,他们才能在面对各种海洋科学问题时游刃有余,为公众提供准确而深入的解答[38]。

第二,海洋科普教育人才需要具备出色的科学传播能力。这包括良好的语言表达能力、写作能力和视觉呈现能力。他们需要能够将复杂的科学概念转化为通俗易懂的语言,编写生动有趣的科普文章,设计直观形象的图表和插图。同时,他们还需要具备一定的表演才能,能够在科普讲座、科学实验展示、科普视频拍摄等场合自如发挥,吸引观众的注意力。

第三,海洋科普教育人才需要具备创新思维和实践能力。科普工作不是简单的知识传授,而是需要不断创新内容和形式,以适应不同受众的需求和兴趣。这要求海洋科普教育人才具有丰富的想象力和创造力,能够设计新颖有趣的科普活动,开发互动性强的科普产品。同时,他们还需要具备动手实践能力,能够设计和制作简单的科学实验装置,组织户外考察活动等,让科普工作更加生动直观。

第四,海洋科普教育人才需要具备较强的信息技术应用能力。在当今数字化时代,科普工作可以更好地利用现代信息技术。因此,这类人才需要熟练掌握多媒体制作技术、网络传播技术、虚拟现实技术等,并能够运用这些技术制作高质量的科普作品。例如，他们需要能够制作海洋科学动画、设计交互式海洋知识网站、开发海洋科普移动应用等。

第五，海洋科普教育人才需要具备敏锐的科学洞察力和批判性思维。面对纷繁复杂的海洋信息，他们需要能够辨别科学信息的真伪，甄别伪科学和科学谣言。在传播科学知识的同时，还要培养公众的科学思维方式和批判性思维能力，引导公众理性看待海洋科学问题，形成科学的世界观和方法论。

第六，海洋科普教育人才需要具有高度的社会责任感和职业道德。科普工作直接影响公众的科学认知和行为方式，因此海洋科普教育人才必须恪守科学精神，坚持科学真实性，不断更新知识储备，确保传播内容的准确性和时效性。同时，他们还需要具有强烈的环保意识和可持续发展理念，在科普工作中贯彻生态文明思想，引导公众树立正确的海洋观。

总之，海洋科普教育人才在提升国民海洋科学素养、推动海洋科技创新、培育海洋生态文明等方面肩负着重要使命。这要求他们不断学习新知识、掌握新技能、开拓新思路，以适应海洋科普教育工作的新要求。同时，社会各界也应当重视海洋科普教育人才的培养和发展，为他们提供更多的支持和平台，使他们能够更好地发挥自身价值，为建设海洋强国、提升国家海洋科技软实力做出应有的贡献。

（三）海洋文化产业人才

在中国建设海洋强国的宏伟蓝图中，海洋文化产业正日益成为一个重要的组成部分。海洋文化产业不仅是海洋经济的重要分支，更是传承和创新海洋文化、提升国家文化软实力的关键领域。在这一背景下，海洋文化产业人才的培养和发展显得尤为重要。这类人才肩负着推动海洋文化创意、促进海洋文化与现代产业融合、提升海洋文化产品竞争力的重要使命。他们的工作直接关系到我国海洋文化产业的发展水平和国际竞争力。

海洋文化产业人才的首要职责是深入挖掘和创新海洋文化资源。中国拥有悠久的海洋文明史,蕴含着丰富的海洋神话传说、海洋民俗文化、海洋文学艺术等文化资源。海洋文化产业人才需要对这些文化资源进行深入研究和创造性转化,将其与现代审美需求和文化消费趋势相结合,开发出具有时代特色和市场吸引力的文化产品。例如,他们可将古代航海故事改编成现代影视作品,将传统海洋工艺品设计成时尚的文创产品,还可以将海洋民间音乐元素融入现代音乐创作中。这些工作要求海洋文化产业人才既要有深厚的文化功底,能够准确把握传统文化的精髓,又要有敏锐的市场洞察力和创新思维,能够准确捕捉当代文化消费需求。

其次,海洋文化产业人才需要致力于推动海洋文化与现代科技的融合。在数字化、智能化的时代背景下,海洋文化产业的发展可更好地利用现代科技的支撑。海洋文化产业人才需要积极探索虚拟现实、增强现实、人工智能等新兴技术在海洋文化产品中的应用。例如,他们可能需要开发海洋主题的虚拟现实体验项目,设计智能化的海洋博物馆展览系统,或者创作基于大数据分析的海洋文化数字艺术作品。这要求海洋文化产业人才不仅要了解文化创意的规律,还要具备一定的科技知识和跨界思维能力,能够有效整合文化资源和科技手段。

再次,海洋文化产业人才还肩负着开发和运营海洋文化旅游项目的重要职责。随着人民生活水平的提高和旅游需求的多元化,海洋文化旅游正成为一个快速增长的市场。海洋文化产业人才需要策划和设计富有吸引力的海洋文化旅游路线,开发特色鲜明的海洋文化旅游产品,打造独具魅力的海洋文化旅游目的地。这包括规划海洋主题公园、设计海洋文化体验中心、组织海洋文化节庆活动等。在这个过程中,他们需要充分考虑不同地区的海洋文化特色,结合当地的自然景观和历史遗产,创造出独特的文化旅游体验。这项工作要求海洋文化产业人才具备全面的项目规划和管理能力,既要了解旅游市场的运作规律,又要能够有效整合各种资源,确保项目的可持续发展。

从次,海洋文化产业人才还需要积极推动海洋文化产品的国际传播和文化输出。在全球化背景下,提升中国海洋文化的国际影响力是建设海洋强国的重要内容。海洋文化产业人才需要创作具有国际视野和跨文化吸引力的海洋文化产品,如海洋题材的影视作品、海洋文化主题的动漫游戏、海洋元素的时尚设计等。同时,他们还需要积极参与国际文化交流活动,如组织海外海洋文化展览、参加国际文化创意产业博览会等,向世界展示中国海洋文化的独特魅力。这项工作要求海洋文化产业人才具备国际化视野和跨文化交流能力,能够准确把握不同文化背景下受众的审美需求和文化心理。

最后,在推动海洋文化产业发展的过程中,海洋文化产业人才还需要发挥桥梁作用,促进文化部门、科研机构、企业之间的合作。他们需要整合各方资源,推动产学研合作,促进海洋文化研究成果的产业化转化。例如,他们需要组织海洋文化产业论坛,建立海洋文化创意孵化基地,或者设立海洋文化产业投资基金等。这就要求海洋文化产业人才具备较强的沟通协调能力和资源整合能力,能够在不同利益相关者之间建立有效的合作机制。

为了有效履行上述职责,海洋文化产业人才需要具备多方面的素养和能力。

第一,他们必须拥有深厚的海洋文化素养和广博的人文知识。这不仅包括深入了解中国传统海洋文化,还要熟悉世界海洋文明史,掌握文学、艺术、历史、哲学等多学科知识。同时,他们还需要具备现代文化产业的专业知识,了解文化创意、品牌营销、知识产权保护等相关领域的理论和实践。只有拥有这样全面而深入的知识储备,他们才能在海洋文化创意和产品开发中游刃有余,创造出既有文化深度又有市场吸引力的作品。

第二,海洋文化产业人才需要具备敏锐的市场洞察力和创新思维。文化产业是一个快速变化的领域,消费者的需求和审美偏好不断变化。因此,海洋文化产业人才需要能够及时捕捉市场动向,预判文化消费趋势,并基于这些洞察进行创新性的产品开发和服务设计。他们要能够打破常规思维,在传统与现代、东方与西方、艺术与科技之间寻找创新点,创造出独具特色的海洋文化产品。

第三,海洋文化产业人才需要具备较强的项目管理能力和商业运作能力。文化产业项目通常涉及多个环节和多方合作,从创意构思到产品开发,再到市场推广,每个阶段都需要细致的规划和有效的管理。因此,海洋文化产业人才需要掌握项目管理的方法和技巧,能够有效控制项目进度、质量和成本。同时,他们还需要具备基本的财务知识和商业谈判能力,能够进行市场可行性分析,制定有效的商业运营策略。

第四,海洋文化产业人才需要具备较强的数字技术应用能力。在数字化时代,文化产业需要更好地利用现代信息技术。因此,海洋文化产业人才需要熟悉数字内容制作、新媒体运营、大数据分析等相关技术,并能够运用这些技术手段进行文化产品创作、传播和营销。例如,他们需要能够使用数字设计软件创作海洋文化创意产品,运用社交媒体平台推广海洋文化品牌,利用大数据技术分析消费者行为等。

第五,海洋文化产业人才需要具备良好的跨文化交流能力和国际视野。在全球化背景下,海洋文化产业的发展越来越需要国际合作和文化交流。因此,这类人才需要具备一定的外语能力,了解不同文化背景下的消费者心理和文化偏好,能够设计和推广具有国际吸引力的海洋文化产品;需要关注国际文化产业的发展动态,学习借鉴国外先进经验,提升中国海洋文化产品的国际竞争力。

第六,海洋文化产业人才需要具有高度的文化自觉和社会责任感。作为文化工作者,他们不仅要追求经济效益,更要肩负传承和弘扬中华海洋文化的重任。他们需要在商业运作中坚持文化传播的使命,在创新发展中保持对传统文化的尊重,在国际交流中维护国家文化利益。同时,他们还需要关注海洋生态环境保护,在文化产品和服务中融入环保理念,推动海洋文化产业的可持续发展。

总之,海洋文化产业人才在推动海洋文化创新、促进海洋经济发展、提升国家文化软实力等方面肩负着重要使命。这要求他们不断学习新知识、掌握新技能、开拓新思路,以适应海洋文化产业发展的新要求。同时,社会各界也应当重视海洋文化产业人才的培养和发展,为他们提供更多的支持和平台,使他们能够更好地发挥自身价值,为建设海洋文化强国、实现中华民族伟大复兴做出应有的贡献。

三、我国海洋文化教育人才发展的现状和不足

(一) 我国海洋文化教育人才建设现状

在新时代中国经略海洋的战略新格局中,海洋文化教育人才不仅是蓝色文明基因的传承者与创新者,更是国家海洋软实力建构的战略策源点,其多维价值深度嵌合于海洋科技创新策源、全球海洋治理话语权提升以及海洋命运共同体理念传播的系统工程之中,形成贯通文化自信培育、海洋权益维护与文明对话创新的三维动力机制,持续释放着驱动海洋强国建设与人类蓝色文明演进的双重势能。随着我国海洋事业的快速发展,海洋文化教育人才的培养和建设也日益受到重视。后文将从海洋意识教育人才、海洋科普教育人才以及海洋文化产业人才三个方面,阐述我国海洋文化教育人才建设的现状。

1. 海洋意识教育人才

海洋意识教育人才是培育和塑造国民海洋意识的关键力量。近年来,我国在这方面的人才建设上取得了一定进展。

首先,在基础教育阶段,我国正逐步加强对教师的海洋意识培训。虽然目前还没有专门的海洋学科,但海洋相关知识已被融入地理课程中。一些沿海城市的教育部门已经开始注意到这一问题,并为地理教师提供专门的海洋地理培训,旨在提升教师的海洋知识储备和教学能力。

其次,在高等教育阶段,随着国家对海洋战略、海洋人才战略和科教兴

海战略的持续推进,许多高校响应号召,增设了涉海专业。这些专业的教师队伍正在逐步形成,他们不仅传授专业知识,也在潜移默化中培养学生的海洋意识。

再次,一些高校已经开始重视海洋人文社会科学的发展,如海洋哲学、海洋社会学、海洋文化学等学科正在逐步建立。这些学科的师资力量虽然还比较薄弱,但已经开始在高校中发挥着培养学生海洋意识的重要作用。

最后,在社会教育方面,我国正在培养一批专门的海洋意识教育人才。这些人才主要通过海洋文化活动、海洋主题展览、海洋日庆祝活动等形式,向公众普及海洋知识,提升公众的海洋意识。例如,一些沿海城市的海洋文化馆、海洋博物馆等机构正在培养专门的科普讲解员和教育工作者,他们在提升公众海洋意识方面发挥着重要作用。

2. 海洋科普教育人才

海洋科普教育人才是传播海洋科学知识、培养公众海洋科学素养的重要力量。近年来,我国在海洋科普教育人才的培养方面也取得了显著进展。

首先,在科研机构和高校中,一批专门从事海洋科普工作的人才正在成长。这些人才大多具有海洋科学相关专业背景,他们不仅进行科学研究,还积极参与科普工作,将复杂的海洋科学知识用公众易于理解的形式进行普及。例如,中国科学院海洋研究所、国家海洋局等机构都设有专门的科普部门,培养了一批优秀的海洋科普人才。

其次,在媒体领域,一些专门报道海洋科技、海洋环境等主题的科技记者和编辑正在成长。这些人才在传播海洋科学知识、提升公众海洋意识方面发挥着重要作用。例如,《科技日报》《中国海洋报》等媒体都有专门的海洋科技报道团队。

再次,我国正在培养一批专业的海洋科普作家和创作者。这些人才通过编写海洋科普读物、制作海洋科普视频等,向公众普及海洋科学知识。例如,近年来涌现出的一批优秀的海洋科普图书和纪录片,其创作者正是我国海洋科普教育人才的重要组成部分。

最后，在海洋科普场馆方面，我国也在培养专业的海洋科普展览设计和讲解人才。这些人才在海洋博物馆、海洋科技馆等场所工作，通过设计互动性强的展览和开展生动有趣的讲解活动，向公众传播海洋科学知识。例如，国家海洋博物馆、中国航海博物馆、青岛海底世界、厦门科技馆等机构都拥有专业的海洋科普人才队伍。

3. 海洋文化产业人才

海洋文化产业人才是推动海洋文化创意、促进海洋文化与现代产业融合的关键力量。近年来，随着我国海洋文化产业的发展，这类人才的培养也受到越来越多的重视。

首先，在高等教育领域，一些高校已经开设了与海洋文化产业相关的专业或课程。例如，中国海洋大学、大连海事大学等院校开设了市场营销、旅游管理等专业，培养了一批具有海洋文化素养和产业运营能力的复合型人才。

其次，在文化创意领域，一批以海洋为主题的文创设计人才正在成长。这些人才通过设计海洋主题的文创产品、开发海洋文化文创作品等方式，推动海洋文化的创新发展。例如，一些沿海城市的文创园区和设计机构已经开始重视海洋文化元素的运用，培养了一批专门的海洋文创设计人才。

再次，在海洋旅游产业方面，我国正在培养一批专业的海洋旅游策划和管理人才。这些人才负责开发海洋主题旅游产品、设计海洋文化体验项目、管理海洋主题公园等。例如，三亚、青岛、厦门等沿海旅游城市都在积极培养这类人才，以推动当地海洋旅游产业的发展。

从次，在海洋文化传播领域，一批专门的海洋文化传播人才正在形成。这些人才包括海洋题材的影视制作人、海洋文化主题的策展人、海洋文化活动的组织者等。他们通过各种形式传播海洋文化，提升海洋文化的影响力。例如，近年来涌现出的一些优秀的海洋题材电影、纪录片和展览的创作者，就是这类人才的代表。

最后,在海洋文化研究方面,我国也在培养一批专门的海洋文化研究人才。这些人才主要在高校和研究机构工作,从事海洋文化史、海洋民俗学、海洋文学等领域的研究。他们的研究成果为海洋文化产业的发展提供了重要的理论支撑和文化资源。

值得注意的是,我国海洋文化教育人才的培养正在向多元化和跨学科方向发展。许多海洋文化教育人才不仅具备专业知识,还具有跨学科背景,能够将海洋科学、文化艺术、经济管理等多个领域的知识融会贯通。这种趋势有利于我国培养出更加全面和创新的海洋文化教育人才。

总的来说,我国海洋文化教育人才建设正处于快速发展阶段。无论是海洋意识教育人才、海洋科普教育人才,还是海洋文化产业人才,都呈现出数量逐步增加、质量不断提升的趋势。这些人才正在为提升国民海洋意识、普及海洋科学知识、推动海洋文化产业发展做出重要贡献。然而,与海洋强国建设的需求相比,我国海洋文化教育人才的培养还有很长的路要走。未来,需要进一步完善人才培养体系,加大投入力度,提高培养质量,以满足国家海洋战略发展的需求。

(二) 国外海洋文化教育人才建设经验和启示

在全球海洋战略竞争日益激烈的背景下,世界各国,尤其是欧美发达国家,越来越重视海洋文化教育人才的培养。这些国家通过多种途径和方式,不断完善海洋文化教育体系,提升国民海洋意识,为海洋事业发展打下坚实的人才基础。下文将探讨国外海洋文化教育人才建设的经验,并总结其对我国的启示。

第一,国外海洋文化教育人才建设的成功经验可体现在完善的法律政策支持上。欧美发达国家普遍将海洋教育上升到国家战略高度,通过制定相关法律和政策,为海洋文化教育人才的培养提供强有力的制度保障。美国政府在《海洋政策框架》中明确强调了海洋教育的重要性,将其视为提升公众海洋认知、促进环境可持续发展以及培养新一代海洋科学家和领导者的核心要素。英国在 2009 年出台的《英国海洋法》不仅注重公众参与，还包含许多与海洋保护相关的内容，从法律层面上加强和巩固了公众的海洋意识。日本政府在最新发布的《海洋基本计划》中，继续强调海洋教育的重要性，并提出通过改进和扩充初、中、高等教育阶段的海洋教育内容，构建更加全面和系统的海洋教育体系。这些法律政策为海洋文化教育人才的培养提供了明确的方向和保障，确保相关工作能够持续、稳定地开展[39]。

第二，国外在海洋文化教育人才建设方面的另一个重要经验是构建系统的海洋教育体系。这种体系涵盖了从基础教育到高等教育的各个阶段，确保海洋教育能够贯穿整个教育过程。在美国，海洋科学课程是中小学科学教育的重要组成部分。学生可以通过参与海洋主题的课外活动，如海洋科学实验、实地考察等深入了解海洋生态系统。澳大利亚的海洋科学教育很注重培养学生的实践能力和创新思维，通过模拟海洋生态系统实验等，学生可以亲身体验和了解海洋生态系统的运作情况。在高等教育阶段，许多国家的大学都开设了与海洋相关的专业和课程，不仅包括海洋科学、海洋工程等传统学科，还涵盖了海洋法律、海洋经济、海洋文化等跨学科领域，培养全面的海洋人才。

第三，国外海洋文化教育人才建设的成功经验还体现在重视实践和体验式教育。这些国家认识到，仅仅通过课堂教学难以真正培养学生的海洋意识和情怀，因此大力推广各种实践活动。美国、加拿大的一些海洋保护组织经常组织开展海滩清理活动，并鼓励公众参与其中。英国伦敦自然历史博物馆定期举办海洋生态展览，通过展示海洋生物标本、互动装置等，向公众普及海洋知识。法国巴黎国立海洋博物馆也举办过类似的展览，其中一些展览还结合了虚拟现实技术，让游客能够身临其境地探索海底世界。这些实践活动不仅能够增强公众的海洋意识，还能激发年轻人对海洋科学的兴趣，为未来海洋人才的培养奠定基础。

第四，国外在海洋文化教育人才建设中非常重视利用现代信息技术和新媒体平台。随着互联网和社交媒体的普及，这些国家充分利用新兴平台来传播海洋知识,培养海洋人才。英国皇家学会在 X(原 Twitter)、LinkedIn 上定期发布关于海洋科学的最新研究成果和动态。美国的海洋科普机构在社交媒体上非常活跃,美国海洋保护协会在 Instagram 上拥有数十万的粉丝,他们定期发布关于海洋保护、海洋生物等主题的帖子,与粉丝互动并传播海洋知识。这种方式不仅能够吸引更多年轻人关注海洋问题,还能培养一批具有新媒体运营能力的海洋文化传播人才。

第五,国外海洋文化教育人才建设的一个重要特点是注重国际合作和交流。这些国家认识到,海洋是全球性的,海洋问题的解决需要国际合作。因此,它们积极推动海洋教育领域的国际交流,如组织国际海洋科学夏令营、举办国际海洋教育研讨会等。欧盟委员会公布的《欧盟综合海事政策》蓝皮书中提出,从 2008 年起举办一年一度的欧洲海事日庆祝活动,提高海洋事务的知名度。这种国际合作不仅能够促进海洋知识和技术的交流,还能培养具有国际视野的海洋文化教育人才。

第六,国外在海洋文化教育人才建设中还特别重视海洋生态文明教育。随着全球气候变化和海洋环境问题的日益严峻,这些国家将海洋生态保护教育作为海洋文化教育的重要组成部分。例如,澳大利亚在大堡礁地区设立了专门的海洋生态保护教育中心,不仅向公众普及海洋生态知识,还培养了一批专门的海洋生态教育人才。这些人才不仅具备海洋科学知识,还有较强的环境伦理意识和生态保护意识,能够更好地向公众传播海洋生态文明理念。

第七,国外海洋文化教育人才建设的一个重要经验是重视产学研合作。这些国家鼓励高校、科研机构和企业之间开展长期合作,共同培养海洋文化教育人才。例如,美国的一些海洋研究机构经常与大学合作,为学生提供实习和研究机会。法国的一些海洋科技公司也积极参与高校的人才培养,为学生提供实践平台。这种产学研合作模式不仅能够培养出更符合实际需求的海洋文化教育人才,还能促进海洋科技成果的转化和应用。

（三）我国海洋文化教育人才建设的不足之处

在中国建设海洋强国的进程中，海洋文化教育人才的培养扮演着至关重要的角色。然而，与国家战略需求和海洋强国建设的目标相比，我国海洋文化教育人才建设仍存在诸多不足。接下来将从多个角度分析这些不足之处，以期为未来的改进提供思路。

第一，我国海洋文化教育人才的培养体系尚未完全建立。虽然近年来国家越来越重视海洋文化教育，但我们仍然缺乏一个系统、全面的海洋文化教育人才培养计划。这种缺失导致海洋意识教育的常态化、系统化教育模式尚未形成。目前，海洋文化教育主要集中在一些特定的时间节点开展，如世界海洋日、中国航海日等纪念日。这种零散的教育方式难以形成持续、深入的影响，也无法有效地提升全民的海洋意识。

第二，在基础教育阶段，海洋文化教育的地位不够突出。虽然海洋相关知识被融入地理课程中，但由于地理学科常被视为"副科"，这部分内容并未得到足够的重视。调研数据显示，大部分学生对学习和拓展海洋地理知识的动力不足。更为关键的是，由于绝大多数学生没有海洋生活经验，他们很难将所学的海洋知识与自己的生活经验相结合，学习效果大打折扣。

此外，我国还缺乏对基础教育阶段的地理教师进行专门的海洋地理培训，教材和教案的支持也不足。这一问题的根源在于教师自身的海洋价值观尚未得到根本的建立和提升。这就导致海洋文化教育在基础教育阶段难以真正落实和深化。

第三，在高等教育阶段，虽然许多高校增设了涉海专业，但这些专业在人才培养目标和课程设置中，往往过于侧重技能和应用的培训，忽视了海洋文化教育的重要性。相关调查结果显示，大学生对国家海洋权益的了解普遍不足，海洋维权意识也相对薄弱，更为严重的是，他们对海洋生态保护与人类发展之间的联系缺乏足够的认识和理解。

一个重要问题是,那些对于普及海洋文化教育、培育海洋意识至关重要的社会科学学科,如海洋哲学、海洋社会、海洋文化和海洋法律等大多被边缘化,零散地分布在其他相关学科中。这些学科的师资力量相对薄弱,缺乏高质量的教材和教学资源,从而严重制约了高校海洋意识教育的深入开展和推进。

第四,在海洋科普教育方面,虽然我国已经认识到科普工作的重要性,但与发达国家相比,我国的海洋科普教育人才队伍仍显不足。我们缺乏专业的海洋科普作家、科普展览设计师、科普传播专家等,这导致海洋科普内容的质量和吸引力不足,难以有效激发公众,尤其是青少年对海洋科学的兴趣。

第五,我国海洋文化产业人才的培养也存在不足。虽然一些高校开设了海洋文化产业相关专业,但这些专业的课程设置和培养模式还不够成熟,难以培养出既懂海洋文化又懂产业运营的复合型人才。同时,我国在海洋文化创意、海洋文化文创作品开发等方面的人才也相对缺乏,这也制约了海洋文化产业的创新发展。

第六,一个值得关注的问题是,我国海洋文化教育人才的国际化程度不高。在全球化的背景下,海洋事务越来越需要国际合作。然而,我国海洋文化教育人才普遍缺乏国际视野和跨文化交流能力,这不利于我国参与全球海洋治理和海洋文化交流。

第七,我国海洋文化教育人才建设还面临政策支持不足的问题。虽然国家已经认识到海洋文化教育的重要性,但相关的法律法规和政策支持仍不够完善。我们缺乏专门的海洋教育法,也没有将海洋教育系统地纳入国家教育发展规划。这导致海洋文化教育人才的培养缺乏长期、稳定的政策保障和资金支持。

总的来说,我国海洋文化教育人才建设的不足主要体现在以下几个方面:系统的培养体系尚未建立,基础教育阶段海洋文化教育地位不突出,高等教育阶段海洋文化教育内容不足,海洋科普教育人才队伍薄弱,海洋文化产业人才培养模式不成熟，人才国际化程度不高，以及政策支持不够完善。

要解决这些问题，需要从国家战略高度重新审视海洋文化教育的重要性，制订系统的海洋文化教育人才培养计划，完善相关法律政策，加强各级教育教学中的海洋文化内容，培养多元化的海洋文化教育人才队伍，提升人才的国际化水平，并为海洋文化教育提供持续、稳定的支持。只有这样，我们才能培养出足够数量和高质量的海洋文化教育人才，为建设海洋强国提供坚实的人才支撑。

四、推动我国海洋文化教育人才建设的政策措施

面对我国海洋文化教育人才建设中存在的诸多不足，我们需要采取系统性的措施来加以改进。接下来将从五个方面提出具体的措施和建议，以期为我国海洋文化教育人才建设提供新的思路和方向。

（一）完善法律政策体系，为海洋文化教育人才培养提供制度保障

要真正推动海洋文化教育人才的培养，首先需要从国家层面建立完善的法律政策体系。建议国家尽快制定专门的海洋教育法，明确海洋教育的地位、目标和主要内容，为海洋文化教育人才的培养提供法律保障。同时，应将海洋教育纳入国家教育发展规划，制定国家海洋教育发展规划纲要，明确未来5～10年海洋教育的发展目标和重点任务。

在政策层面，建议设立国家海洋教育专项基金，为海洋文化教育人才的培养提供稳定的资金支持。同时，应出台相关政策鼓励高校、科研机构和企业共同参与海洋文化教育人才的培养，如给予税收优惠、科研项目倾斜等。此外，还应建立海洋文化教育人才评价体系，将海洋文化教育成果纳入教师评价和晋升体系，激励更多教育工作者投身海洋文化教育事业。

这些法律和政策措施,可以从顶层设计上为国家海洋文化教育人才的培养创造有利条件,确保海洋文化教育能够得到持续、稳定的支持和发展。

(二)构建全面的海洋教育体系,培养多层次海洋文化教育人才

要解决目前海洋文化教育零散、不系统的问题,需要构建一个涵盖基础教育、高等教育和社会教育的全面海洋教育体系。在基础教育阶段,建议将海洋教育内容系统地融入各学科课程,尤其是地理、生物、历史等学科。同时,可以开设海洋综合实践活动课程,让学生通过实践体验加深对海洋的认识和理解。

在高等教育阶段,除了继续加强海洋相关专业的建设外,还应在所有本科专业中开设海洋通识教育课程,提高所有大学生的海洋素养。同时,鼓励高校开设跨学科的海洋文化、海洋法律、海洋经济等课程,培养复合型海洋人才。

在社会教育方面,应充分利用海洋科普场馆、海洋主题公园等资源,开展面向公众的海洋文化教育活动。同时,鼓励和支持各类社会组织、媒体参与海洋文化教育,形成全社会共同参与的海洋教育格局。

通过构建这样一个全面的海洋教育体系,我们可以培养出从基础教育到高等教育,从专业人才到普通公众的多层次海洋文化教育人才队伍。

(三)加强海洋文化教育师资队伍建设,提升教育质量

海洋文化教育的质量很大程度上取决于教师的水平。因此,加强海洋文化教育师资队伍建设是一项重要任务。首先,应在师范院校增设海洋教育相关专业或方向,培养专门的海洋教育师资。同时,对现有教师进行系统的海洋知识培训,特别是对教授地理、生物等学科的教师进行专门的海洋教育培训。

建议设立国家级海洋教育教师培训基地,定期组织教师参加海洋教育

培训和研讨活动。同时，鼓励教师参与海洋科研项目和海洋实践活动，提高他们的海洋实践能力和科研水平。此外，还可以建立海洋教育名师工作室，发挥优秀教师的示范引领作用。

鼓励高校引进海洋文化、海洋法律、海洋经济等跨学科人才，充实海洋文化教育的师资力量。同时，支持高校教师赴国外著名海洋院校或研究机构进行访学和交流，提升教师的国际视野和学术水平。

通过这些措施，我们可以建立一支高素质、专业化的海洋文化教育师资队伍，为提升海洋文化教育质量奠定坚实基础。

（四）创新海洋文化教育方式，提升教育吸引力和效果

面对新时代的挑战，海洋文化教育需要采用创新的教育方式，以提升教育的吸引力和效果。首先，应大力推广体验式和实践式教学，可以建立海洋教育实践基地，让学生通过实地考察、海洋生物观察、海洋环境监测等活动，直观感受海洋的魅力和重要性。同时，可以与海洋科研机构、海洋产业企业合作，为学生提供海洋实习和研究机会。

其次，应充分利用现代信息技术，开发海洋教育数字资源。可以建立国家海洋教育资源库，汇集各类海洋教育视频、图片、动画等数字资源，同时，鼓励开发海洋教育应用程序和微信小程序，让学生可以随时随地学习海洋知识。此外，还可以利用虚拟现实和增强现实技术，开发沉浸式海洋教育体验项目，让学生能够身临其境地探索海洋世界。

最后，应注重海洋文化教育与艺术、文学等领域的结合。可以组织海洋主题的文学创作、绘画比赛、摄影展等活动，激发学生对海洋的情感认同。同时，鼓励创作以海洋为主题的影视作品、纪录片，通过艺术形式传播海洋文化。

通过这些创新的教育方式，海洋文化教育的吸引力和效果将大大提升，也会有更多人参与到海洋文化教育中来。

（五）加强国际合作，培养具有全球视野的海洋文化教育人才

在全球化背景下，培养具有国际视野的海洋文化教育人才显得尤为重要。首先，应积极参与国际海洋教育组织和项目，如联合国教科文组织的海洋教育项目等，学习和借鉴国际先进经验。同时，鼓励我国高校和科研机构与国外著名海洋院校或研究机构建立长期合作关系，开展联合培养项目。

其次，应支持我国海洋文化教育人才赴国外学习和交流。可以设立专门的海洋教育国际交流基金，资助教师和学生参加国际海洋教育会议、海洋科研项目等。同时，鼓励高校邀请国际知名海洋专家来华讲学，开设海洋文化教育国际课程。

最后，还应积极推动海洋文化教育"走出去"。可以支持我国高校在"一带一路"共建国家建立海洋文化教育中心，推广中国的海洋文化和海洋教育理念。同时，鼓励编写海洋文化教育的多语种教材，提高我国海洋文化教育的国际影响力。

通过实施以上五个方面的措施，我们可以全面提升我国海洋文化教育人才的培养质量和水平。这不仅有利于提高全民族的海洋意识和海洋素养，也将为我国建设海洋强国提供坚实的人才基础。当然，这些措施的实施需要政府、教育机构、企业和社会各界的共同努力。只有形成全社会重视海洋、关心海洋的良好氛围，我们才能真正培养出适应新时代需求的海洋文化教育人才。

综上所述,我国海洋强国建设亟须加强海洋人才队伍建设。在海洋战略人才方面,应强化人才梯队战略规划,提升整体人才质量;在海洋高技术人才方面,应强化产学研一体化,拓宽科技人才培养路径;在海洋国际人才方面,应优化国际合作机制,加强海外人才引进策略;在海洋文化教育人才方面,应建立专业从事海洋文化教育的人才队伍,重视培养教师的海洋意识,重点发展海洋科普人才。通过多措并举,构建全方位、多层次的海洋人才培养体系,为海洋强国建设提供坚实的人才保障。

在未来的海洋人才建设中,我们还需要进一步完善相关政策支持和激励机制,营造有利于海洋人才成长和发展的良好环境。具体而言,可以从以下几个方面着手。

第一,加强顶层设计,制定国家级海洋人才发展战略规划。将海洋人才培养纳入国家整体人才发展战略,明确海洋人才培养的目标、重点和路径,为海洋人才培养提供政策支持和资源保障。同时,建立健全海洋人才评价体系,突出海洋人才的专业性和创新性,为海洋人才的选拔、使用和激励提供科学依据。

第二,构建多元化的海洋人才培养模式。加强产学研合作,推动高校、科研机构、企业和政府部门之间的深度融合,形成协同育人的长效机制。鼓励跨学科、跨领域的人才培养,培养具有多学科背景和国际视野的复合型海洋人才。同时,加大对海洋科普教育的投入,从基础教育阶段就开始培养学生的海洋意识和兴趣,为海洋人才的持续培养奠定基础。

第三,加强国际合作与交流,提升我国海洋人才的国际竞争力。积极参与国际海洋科技合作项目,鼓励海洋科技人才赴国外学习和交流。同时,吸引更多高水平的国际海洋人才来华工作,引进与吸收国际先进经验和技术。建立健全海外人才引进机制,为海外高层次海洋人才提供良好的工作和生活环境。

第四,加大对海洋科技创新的支持力度。设立专项基金,支持海洋科技领域的基础研究和应用研究。鼓励海洋科技人才开展原创性、引领性研究,在海洋资源开发、海洋环境保护、海洋防灾减灾等重点领域实现突破。同时,完善科技成果转化机制,促进海洋科技成果的产业化应用,为海洋经济高质量发展提供科技支撑。

第五,营造尊重海洋人才、激励创新的社会氛围。加大对海洋人才的宣传力度,提高社会对海洋事业和海洋人才的认知和重视程度。建立健全海洋人才激励机制,在薪酬待遇、职业发展、科研自主权等方面给予海洋人才更多支持和保障。同时,鼓励海洋人才参与国家海洋政策制定和重大决策咨询,充分发挥海洋人才的智力优势。

展望未来,在全球化背景下,海洋事务日益复杂,伴随着我国海洋强国建设的不断推进,海洋人才的重要性日益凸显。我们需要持续关注全球海洋科技发展趋势,及时调整和优化海洋人才培养策略,注重培养具有全球治理能力的海洋人才,使他们能够在国际海洋事务中发挥更大作用,提升我国在全球海洋治理中的话语权和影响力。同时,要注重培养年轻一代的海洋意识和海洋情怀,为海洋人才队伍的可持续发展提供源源不断的后备力量。随着科技的快速发展,人工智能、大数据、物联网等新兴技术与海洋科技的深度融合,将为海洋强国建设带来新的机遇和挑战。因此,我们需要培养能够驾驭新技术、引领新发展的创新型海洋人才。

海洋人才建设是一项长期而艰巨的任务,需要全社会的共同努力,以期通过不断完善海洋人才培养体系,优化海洋人才发展环境,培养出一大批高素质的海洋人才，为我国早日建成海洋强国提供强有力的人才支撑，推动我国海洋事业实现高质量发展，为实现中华民族伟大复兴的中国梦做出重要贡献。

本书调研了 15 个全球重要国际海洋组织中国籍官员、学者在领导层的占比和参与情况，概况如下。

1. 国际海事组织

1）基本概述

国际海事组织（IMO）是一个联合国专门机构，该组织的宗旨为促进各国间的航运技术合作，鼓励各国在促进海上安全、提高船舶航行效率、防止和控制船舶对海洋污染方面采取统一的标准，处理有关的法律问题。

2）组织情况

截至 2024 年 10 月，国际海事组织共有 175 个成员和 3 个联系会员，现任主要负责人是阿塞尼奥·多明戈斯（Arsenio Domingues）（巴拿马）。国际海事组织目前有 265 名常驻人员，有能力对海事组织的工作做出重大贡献的非政府国际组织，经大会批准，可被理事会授予咨商地位。

国际海事组织是一个架构完善的组织，其核心由大会、理事会秘书处和 5 个主要委员会构成。这些委员会包括海上安全委员会、海洋环境保护委员会、法律委员会、技术合作委员会以及促进委员会，它们各自承担着重要的职责。同时，还有一些小组委员会，它们为这些主要委员会提供必要的支持。理事会是国际海事组织的执行机构，共有 40 个成员，分为 A、B、C 三类。其中，A 类理事由 10 个航运大国担任，B 类理事是 10 个海上贸易量最大的国家，而 C 类理事则由 20 个地区代表组成。在两届大会之间，理事会负责履行大会的所有职能,确保组织的正常运作。国际海事组织每两年举行一次大会,届时将进行理事会和主席的改选。当选的主席和理事国的任期为两年,共同为国际海事组织的发展贡献力量。通过这样的组织架构和运作机制,国际海事组织能够高效地应对全球海事领域的挑战,推动国际海事合作与发展。

3)中国的主要参与情况

(1)连续当选 A 类理事国:自 1989 年起,中国已经连续第 17 次当选国际海事组织的 A 类理事国,这体现了中国在国际海运界的地位和影响力,以及国际海运界希望中国在全球海运治理中发挥更加积极的作用。

(2)参与国际海事组织会议和活动:中国船舶工业行业协会代表活跃造船专家联盟(ASEF)参加了国际海事组织国际质量评估审查委员会(IQARB)的会议。在此次会议中,活跃造船专家联盟作为国际质量评估审查委员会的成员,参与审议了船级社质量评估审查报告。国际质量评估审查委员会的主要目的是评估审查国际船级社协会成员的质量管理体系,特别是船舶检验认证过程的质量管理,以促进船级社和利益相关方提高海事安全、海洋环保等领域的工作水平。

(3)在海洋环保和可持续发展方面的贡献:中国在国际海事组织事务中的积极参与也体现在其对海洋环保和可持续发展的贡献上。例如,中国正在推动航运业的绿色转型,积极应对气候变化,并致力于减少船舶造成的海洋污染。这些努力得到了国际社会的广泛认可和赞誉。

2. 政府间海洋学委员会

1)基本概述

政府间海洋学委员会(IOC)于 1960 年成立,是联合国教科文组织下属的一个促进各国开展海洋科学调查研究和合作活动的国际性政府间组织,主要职能包括改善和管理其会员国在海洋资源和气候多变性方面的治理、管理以及决策过程,协调海洋研究、服务、观测系统、减灾和能力建设方面的工作,以便更有效地管理和了解海洋和沿海地区的资源。弗拉基米尔·

里亚比宁(Vladimir Ryabinin)于 2015 年 3 月出任政府间海洋学委员会执行秘书兼助理总干事。委员会官员为主席和五名副主席,每两年选举一次。执行理事会每年开一次会,目的是审查委员会的工作,包括成员国和秘书处的工作,并为政府间海洋学委员会大会的召开做准备。

2)组织情况

政府间海洋学委员会项目办公室设在法国(巴黎总部,布雷斯特)、比利时(奥斯坦德)、意大利(威尼斯)、丹麦(哥本哈根)、澳大利亚(珀斯)、哥伦比亚(卡塔赫纳)、泰国(曼谷)、肯尼亚(内罗毕)、萨摩亚(阿皮亚)、印度尼西亚(雅加达),未在中国设立办公室。政府间海洋学委员会共有 149 个委员会成员国,其中包括中国(以国家为单位加入,未列明参加人数情况),并且中国为执行理事会成员。

3)中国的主要参与情况

(1)参与政府间海洋学委员会的高层领导和管理工作:中国科学家和专家在政府间海洋学委员会的高层领导和管理中发挥着重要作用。例如,曲星先生曾任联合国教科文组织副总干事。他作为中国的代表,在国际舞台上积极推动了各国教育、科学和文化等领域的合作与发展。中国科学院院士、原国家海洋局第二海洋研究所名誉所长苏纪兰曾两次当选政府间海洋学委员会主席,这是中国籍科学家首次在政府间海洋学委员会等重要机构中连任主席职务。中国籍科学家担任这些高层领导和管理职务,有助于中国在国际海洋科学界发挥更大的影响力。

(2)参与国际海洋科学考察和研究:中国科学家积极参与政府间海洋学委员会组织的国际海洋科学考察计划,如 IODP 和国际海洋碳循环研究计划等。比如,华东师范大学的李道季教授领衔的联合国教科文组织政府间海洋学委员会西太平洋分会(UNESCO-IOC/WESTPAC)"遏制亚洲地区河流塑料垃圾入海"项目正式入选"海洋十年"联合国实施项目。2017年,李道季教授组织承担联合国教科文组织政府间海洋学委员会西太平洋分会"亚太区域海洋微塑料来源、分布、输运和归趋"国际合作项目,为亚太地区海洋微塑料污染问题提供区域管理的可持续发展行动方案。此外，中国与政府间海洋学委员会合作，参与海洋垃圾污染、海洋酸化、海洋生态退化等环境问题的研究和治理。比如李家彪院士作为自然资源部第二海洋研究所的领衔科学家，领导了"数字化的深海典型生境"大科学计划，该计划于2023年6月8日正式获批为联合国"海洋十年"的第四批"行动方案"，面向全球开放。通过参与政府间海洋学委员会组织的相关会议和活动，中国与其他国家分享海洋环境保护的经验和做法，共同推动全球海洋环境保护的进程。

（3）共同推动海洋观测系统建设：中国积极参与全球海洋观测系统（GOOS）的建设，与政府间海洋学委员会以及其他国际组织合作，共同推动海洋观测站点的建设和维护。通过这些观测站点，中国为全球海洋环境数据的收集、分析和共享提供了重要支持。此外，中国在海洋遥感、海洋数值模拟、海洋环境监测等领域的技术和设备得到了广泛应用，为全球海洋科学研究和环境保护提供了有力支持。

3. 国际船级社协会

1）基本概述

国际船级社协会（IACS）是由世界海运发达国家的船级社参加组成的国际组织，成立于1968年9月11日，秘书处设在英国伦敦，宗旨是研究解决共同关心的海上安全问题，加强各成员间的联系与合作。协会主要任务包括保持与国际标准化组织等的联系与合作，参加国际海事组织的各种学术会议，统一解释有关的国际公约和国际海事组织的建议集中问题，统一各国船级社的船舶建造规范等。

2）组织情况

国际船级社协会共有美国船级社（ABS）、法国船级社（BV）、中国船级社（CCS）、韩国船级社（KR）、英国劳氏船级社（LR）、日本海事协会（NK）、波兰船级社（PRS）、意大利船级社（RINA）、俄罗斯船级社（RS）、印度船级社（IRS）、克罗地亚船级社（CRS）、挪威-德国劳氏船级社（DNV-GL）12个正式成员。国际船级社协会的理事会主席由每个会员船级社的首脑轮流担任,任期一年。中国船级社于 1988 年加入国际船级社协会。国际船级社协会由理事会领导和制定总政策,理事会设立一些工作组去执行协会的具体任务。理事会由各会员船级社指派的一名高级行政管理人员组成,每年召开一次会议。

3)中国的主要参与情况

近年来中国船级社对国际船级社协会的影响力与贡献度持续提升。目前,中国船级社已接受包括中国在内的 60 个国际上主要航运国家或地区的法定检验授权,全球网点覆盖达 130 个。代表人物比如李科浚,他于 2006 年 7 月 1 日起担任国际船级社协会理事会主席,任期一年。这是继日本海事协会之后,来自东方的亚洲船级社主要领导再次担任国际船级社协会主席,展示了中国船级社在国际上的重要地位和影响力。此外,孙峰自 2021 年 12 月 30 日起担任中国船级社总裁。他作为中国船级社的领导者,致力于推动中国船级社与国际船级社协会的交流与合作,提升中国船级社在国际上的影响力和话语权。中国船级社也紧紧抓住国际船级社协会散货船和油船共同结构规范(CSR)统一实施的时机,推动中国船舶工业适应国际新标准,并将其转化为生产力和竞争力,在中国成为世界第一造船大国的进程中发挥了重要作用。

4. 国际海底管理局

1)基本概述

国际海底管理局(ISA)是根据 1982 年的《联合国海洋法公约》(以下简称"《公约》")设立的国际组织,其主要职责在于组织和控制各国管辖范围之外的国际海底区域(以下简称"区域")内的活动,特别是管理区域内的资源。管理局的核心任务是制定相关规则和规章,为国际海底管理局及国际海洋法法庭的建立奠定基础,并处理先驱投资者的申请登记问题。《公约》第 158 条明确规定了管理局的组织架构,主要包括大会、理事会和秘书处。大会不仅拥有选举理事会成员和管理局秘书长的权力,还有权设立执行职务所必需的附属机关。理事会作为管理局的执行机构，负责制定具体政策，并在管理局的权限范围内行使实质性的权力。管理局的成员构成丰富多样，共由36个成员组成。这些成员分为5组：A组包括4个最大消费国；B组为4个最大投资国；C组有4个生产国；D组则是6个代表特殊利益的发展中国家；而E组则根据确保理事会席位公平地区分配的原则，选出了18个国家。这样的成员构成确保了国际海底管理局在决策时能够充分考虑各方利益，实现公平与效率的平衡。

2）组织情况

截至2023年5月，国际海底管理局共有169个成员，管理局大会是有权制定一般政策的"最高机构"，由管理局的所有成员组成。秘书处由秘书长领导，分为四个职能部门，包括秘书长办公室、环境管理与矿产资源办公室、法律事务办公室、行政服务办公室。现任秘书长是巴西的女性科学家莱蒂西亚·卡瓦略（Leticia Carvalho）。在历届的理事会主席中，未有中国人担任。

3）中国的主要参与情况

（1）国际海底管理局理事会成员：中国是国际海底管理局理事会的成员之一，积极参与理事会的各项工作和活动。中国在理事会上提出了许多有益的建议和主张，为推动国际海底区域的和平利用和保护做出了贡献。

其中历届中国驻牙买加大使兼中国常驻国际海底管理局代表处常驻代表如下：

李尚胜（Li Shangsheng），1998年至1999年1月；

刘大群（Liu Daqun），1999年1月至1999年7月；

郭崇立（Guo Chongli），2000年7月至2003年3月；

赵振宇（Zhao Zhenyu），2003年4月至2006年11月；

陈京华（Chen Jinghua），2006年11月至2011年4月；

郑清典（Zheng Qingdian），2011年5月至2013年9月；

董晓军(Dong Xiaojun),2013 年 9 月至 2015 年 11 月;

牛清报(Niu Qingbao),2015 年 12 月至 2018 年 3 月;

田琦(Tian Qi),2018 年 3 月至 2022 年 6 月;

陈道江(Chen Daojiang),2022 年 6 月至今。

（2）参与科学研究和项目：在国际海底管理局的环境管理与矿产资源办公室中，有中国专家担任海洋环境研究员，负责研究和评估国际海底区域的环境状况，为管理和保护海洋环境提供科学依据。例如，中国科学家牵头的"西太海山和印度洋热液区多毛类及棘皮动物新种鉴定"项目成功入选国际海底管理局的"一千个理由"分类学项目资助名单。该项目旨在揭示深海生物的"未知多样性"。此外刘峰作为中国大洋矿产资源研究开发协会的副理事长，在深海资源勘探和开发方面有着丰富的经验，在深海钻探技术、海底资源评估等领域也曾做出积极贡献。

（3）担任法律和政策顾问：在国际海底管理局的法律和政策部门中，中国专家可能担任法律和政策顾问，负责研究国际海洋法、制定相关政策和提供法律咨询。上海交通大学的薛桂芳教授与徐向欣博士代表上海交通大学极地与深海发展战略研究中心，以观察员身份参加了国际海底管理局理事会的相关会议，积极参与开发规章草案的磋商工作，并就环境、检查、机构事项等条款等议题进行发言。

5. 联合国粮食及农业组织渔业和水产养殖司

1）基本概述

渔业和水产养殖司下设 6 个办事处，有 200 多名工作人员和顾问，组织了约 280 个与渔业/水产养殖有关的项目，涉及渔业统计和信息、生态系统、渔业和水产养殖资源、渔业和水产养殖技术、渔业和水产养殖治理。现任司长是曼努埃尔·贝瑞吉（Manuel Barange），副总干事是马关吉（Magwenzi）和贝克多（Bechdol）。

2）组织情况

渔业和水产养殖司下属的 6 个办事处为渔业政策、经济机构处，水产养殖处,产品、贸易和销售处,统计和信息处,捕捞作业及科技处,海洋和内陆渔业处。

3)中国的主要参与情况

(1)参与制定政策:中国积极参与联合国粮食及农业组织渔业和水产养殖司制定全球渔业政策和战略的过程,包括《全球渔业可持续发展战略》《蓝色增长倡议》等。这些政策和战略旨在促进全球渔业和水产养殖业的可持续发展,提高渔业资源的可持续利用率,减少渔业活动对海洋生态系统的影响。相关代表人物如下。

屈四喜博士是联合国粮食及农业组织渔业和水产养殖司水产养殖处处长,负责领导和管理全球水产养殖政策和规划工作。他在推动全球水产养殖业的可持续发展、改进养殖技术和促进国际合作方面发挥了重要作用。张显良曾任农业部渔业局局长、中国水产科学研究院院长等职务,也曾在联合国粮食及农业组织的渔业和水产养殖司担任过重要职务,积极参与国际渔业合作与交流活动。

(2)派遣专家:中国派遣了多名专家到联合国粮食及农业组织渔业和水产养殖司工作,他们在渔业资源管理、水产养殖技术、渔业政策制定等方面具有丰富的经验和专业知识,为全球渔业和水产养殖业的可持续发展提供了重要支持。比如上海海洋大学教授黄硕琳,作为联合国粮食及农业组织渔业委员会(COFI)专家组成员,他参与了联合国粮食及农业组织的多个项目,为渔业管理和政策制定提供了重要的科学支持。杨宁生教授,是中国水产科学研究院的专家,曾参与联合国粮食及农业组织的多个渔业项目,为联合国粮食及农业组织提供渔业科学咨询和技术支持。叶益民,是联合国粮食及农业组织渔业和水产养殖司的海洋与内陆渔业处处长。他拥有博士学位,曾在上海水产大学(今上海海洋大学)任教,并在科威特科学研究院和澳大利亚联邦科学与工业研究组织担任要职。他的专业知识和经验为联合国粮食及农业组织在渔业和水产养殖领域的工作提供了有力支持。

6.《生物多样性公约》

1）基本概况

《生物多样性公约》(CBD)是一项具有全球影响力的协议,于 1992 年 6 月 5 日由签约国在巴西里约热内卢举行的联合国环境与发展大会上签署,并于 1993 年 12 月 29 日正式生效。该公约全方位地覆盖了生物多样性的各个领域,包括其保护、可持续利用以及遗传资源利用所产生的惠益的公平分享。公约的秘书处设在加拿大蒙特利尔,与联合国环境署紧密联系,主要职能是组织会议、起草文献、协助成员国履行工作计划、与其他国际组织合作,以及收集和提供信息。《生物多样性公约》缔约方大会(COP)作为最高决策机构,负责审议并通过所有关于公约履行的重大决策。中国于 1992 年 6 月签署了该公约。截至 2016 年,共有 196 个国家成为这一公约的缔约方。

2）组织情况

《生物多样性公约》的最高权力机构是缔约方大会。它由批准公约的各国政府(包括地区经济一体化组织)组成,负责监督公约的进展,为成员国确定新的保护重点,并制订工作计划。此外,缔约方大会还具备修订公约、设立顾问专家组、审查成员国提交的进展报告以及与其他组织和公约开展合作的权力。为了支持这些工作,缔约方大会还可以从公约建立的其他机构如科学、技术和工艺咨询附属机构(SBSTTA)、秘书处等,获取专业知识和支持。《生物多样性公约》执行秘书长为阿斯特丽德·舒马克(Astrid Schomaker)。

3）中国的主要参与情况

中国自 1992 年加入《生物多样性公约》以来,一直积极参与该公约的各项工作和会议。例如,中国成功举办了《生物多样性公约》第十五次缔约方大会(COP15)。中国非常重视履约工作,在生态文明建设的总体框架下,坚持在发展中保护、在保护中发展,提出并实施国家公园体制建设和生态保护红线划定措施,加强就地与迁地保护与生物安全管理,成立了中国生物多样性保护国家委员会,通过完善法律法规和政策,推动生物多样性主流化进程,生物多样性宣传教育成效显著,生物多样性保护国际交流不断深化,使中国的生物多样性保护取得了巨大成功。这些成功模式已经成为世界生物多样性保护与可持续利用的宝贵经验和财富。

代表人物有:解振华,国家发展改革委原副主任、原中国气候变化事务特使,在推动中国生物多样性保护方面发挥了重要作用。他积极参与《生物多样性公约》的谈判和决策过程,推动中国在全球生物多样性保护领域发挥更加积极的作用;积极推动国内生物多样性保护政策的制定和实施,为中国的生物多样性保护事业做出了重要贡献。汪松,曾任国务院环境保护委员会科学顾问、国际生物科学联合会(IUBS)中国全国委员会主席等要职,作为中国政府代表团的高级顾问,长期致力于野生动物和自然遗产保护领域,并参与、主持编写了许多影响深远的专著,如《中国物种红色名录》《中国濒危动物红皮书》《中国的保护地》等。秦天宝,武汉大学法学院院长,在生物多样性保护研究方面发挥了重要作用。他担任《生物多样性公约》项下《名古屋议定书》遵约委员会副主席,并积极参与《生物多样性公约》的谈判和决策过程。他通过发表论文、参加会议和接受采访等方式,积极贡献自己的力量,推动中国提升在生物多样性保护领域的国际影响力。

7. 国际海洋考察理事会

1)基本概况

1902年国际海洋考察理事会(ICES)在丹麦哥本哈根成立,这是一个旨在协调与促进北大西洋地区(包括波罗的海和北海)海洋研究的组织。国际海洋考察理事会的任务是:促进北大西洋和邻近海域的海洋环境及其生物资源的考察和调查;出版和传播相关研究成果,向各国政府、区域渔业管理部门及污染防治委员会提供科学信息和建议。目前,国际海洋考察理事会的工作也扩展到北冰洋、地中海、黑海和北太平洋。

2) 组织情况

国际海洋考察理事会下设管理局、财务委员会、咨询委员会、科学委员会、秘书处等机构。其中,科学委员会是国际海洋考察理事会中的主要科学机构,所有成员国在科学委员会都有代表,形成了来自 20 个理事会成员国及其他地区 700 多个海洋研究所的近 6 000 名科学家的庞大网络,每年有超 2 500 名科学家参加活动。科学委员会的核心工作主要通过专家组和研讨会完成。指导小组管理专家组和研讨会,具体包括水产养殖指导小组、生态系统过程和动力学指导小组、渔业资源指导小组、生态系统观察指导小组、综合生态系统评估指导小组和人类活动、压力和影响指导小组。

3) 中国的主要参与情况

20 个理事会成员国包括丹麦、冰岛、挪威、德国、瑞典、加拿大、英国、美国等国家。虽然中国不是理事会成员之一,但是中国的相关科研机构与国际海洋考察理事会开展了广泛的科学研究与合作。这些合作涵盖了海洋生态系统研究、渔业资源管理、生物多样性保护等多个领域。中国科学家积极参与国际海洋考察理事会组织的各种研究项目,为海洋科学的进步做出了贡献。比如中国水产科学研究院黄海水产研究所的刘慧研究员。刘慧研究员应邀参加了国际海洋考察理事会 2023 年年度科学大会,并在会议期间担任了"水产养殖环境影响风险评估"分会场的召集人。她主持了该分会场,并做了题为"构建中国水产养殖风险评估体系"(Setting up a framework for aquaculture risk assessment in China)的口头报告。这表明刘慧研究员在海洋生态风险评估和水产养殖环境管理方面的研究成果得到了国际认可,并积极参与了国际海洋考察理事会的国际交流与合作。此外中国通过与国际海洋考察理事会合作,积极培养海洋科学领域的人才。派遣学生和研究人员参与国际海洋考察理事会的项目和研究,使他们能够接受国际化的教育和培训,提高科研能力和水平。

8. 北极理事会

1）基本概况

北极理事会,又译为北极议会、北极委员会、北极协会,是 1996 年 9 月成立的高层次国际政府间论坛,旨在为北极国家(包括北极原住民社团及其他北极居民参与)讨论的北极科学研究、生态环境、航道安全、资源开发、原住民权益保护等广泛议题提供平台,并致力于维护北极地区环境、社会与经济的可持续发展。

2）组织情况

8 个北极国家(美国、加拿大、俄罗斯、挪威、瑞典、丹麦、芬兰、冰岛),为理事成员,享有决策权,以协商一致方式做出决定。理事会主席由八国轮流担任,任期为两年。部长级会议是理事会决策机构,每两年召开一次,在没有部长级议会的年份,则召开副部长级会议。高官会是理事会执行机构,每年召开两次例会,负责执行部长级会议决定,审查理事会下设工作组工作。2013 年,理事会在挪威特罗姆瑟成立常设秘书处,加强了行政和组织支持。非北极地区国家或组织经理事会批准,可作为观察员出席理事会公开会议、参与工作组工作,经主席同意可发言并提交相关文件。理事会下设 6 个工作组,分别为污染物行动计划工作组、监测与评估工作组、动植物保护工作组、可持续发展工作组、海洋环境保护工作组和突发事件预防、准备和响应工作组,是理事会的重要工作实体。除工作组外,理事会还成立特别任务组处理专门事宜。

3）中国的主要参与情况

2007 年中国成为理事会临时观察员;2013 年 5 月 15 日,中国正式成为北极理事会的观察员。作为观察员,中国虽没有在理事会的表决权,但自动享有参与理事会的权利,同时拥有发言权、项目提议权。中国自 2008 年以来,有多位专家参加工作组工作。代表人物是高风,他曾任外交部气候变化谈判特别代表,后来调任外交部北极事务特别代表。高风致力于推动中国在北极事务中的参与和合作,并参与了北极理事会的相关活动和讨论。

9. 南极海洋生物资源养护委员会

1）基本概况

南极海洋生物资源养护委员会（CCAMLR）是根据《南极海洋生物资源养护公约》于1982年成立的，目的是保护南极海洋生物，维护南极海洋生态系统，实行基于生态系统的管理方法。具体工作包括，促进南极海洋生物资源和生态系统的广泛调查研究，汇编南极海洋生物资源种群现状和变化以及影响捕捞种群、附属种群和有关种群的分布、丰度和生产力等要素资料，获取捕捞量统计资料，鉴定保护的必要性，分析保护措施的有效性，依据充分的科学资料制定和修正保护措施，制定并实施观察和检查制度，特别是委员会成员国指派的观察员和检察员登船检查的程序以及检举和制裁程序。

2）组织情况

决策机构是委员会，咨询机构是科学委员会，为委员会提供咨询、保护措施和决议。所有批准加入公约的国家都是委员会的成员国。已批准该公约的成员国有：阿根廷、澳大利亚、比利时、巴西、保加利亚、加拿大、智利、中国、芬兰、法国、德国、希腊、印度、意大利、日本、韩国、毛里求斯、纳米比亚、荷兰、新西兰、挪威、巴基斯坦、巴拿马、秘鲁、波兰、俄罗斯、南非、西班牙、瑞典、乌克兰、英国、美国、乌拉圭和瓦努阿图。

3）中国的主要参与情况

自2007年10月2日起，中国成为南极海洋生物资源养护委员会的正式成员。这一身份使中国能够在保护南极海洋生物资源和推进可持续利用方面发挥更加重要的作用，包括参与制定和执行南极海洋生物资源的养护和管理措施，推动科学研究和技术合作，以及加强与其他成员国的交流与合作。中国极地研究中心、中国科学院、中国水产科学研究院黄海水产研究所等中国的科研机构的专家和研究员积极参与南极海洋生物资源的调查和研究工作，如赵宪勇研究员和应一平助理研究员等，都曾作为中国代表团成员参加南极海洋生物资源养护委员会的年会和科学委员会会议。赵宪勇研究员被推选为南极海洋生物资源养护委员会科学委员会副主席，体现了中国科学家在南极海洋生物资源养护与合理开发利用方面的积极作为。

10. 海洋研究科学委员会

1) 基本概况

国际科学联盟理事会（ICSU，现为国际科学理事会）于1957年成立了海洋研究科学委员会（SCOR）。其职能是促进和组织海洋各分支学科的国际科学研究活动，制定国际海洋研究规划，促进海洋资料的交换，建立各种资料标准。

2) 组织情况

组织机构包括大会、执委会和秘书处以及相关组织。大会每两年召开一次，轮流在成员国举行，除讨论两年来日常工作、大型研究计划、相关组织工作和财务情况等事项以外，还负责选举新一届执委会。执委会在海洋研究科学委员会大会上从成员国指定委员中选出主席1人、副主席3人和秘书1人。秘书处负责日常工作、财务、组织会议管理研究计划和准备海洋研究科学委员会的出版物。海洋研究科学委员会的成员由以下几类会员组成：国际科学理事会、国际大地测量学和地球物理学联合会（IUGG）、国际纯物理与应用物理联合会（IUPAP）、国际生物科学联合会（IUBS）、国际地质科学联合会（IUGS）、国际地理学联合会（IGU）、国际生理科学联合会（IUPS）和国际生物科学联合会的代表，各个会员国国家海洋研究委员会派出的3名海洋科学家，特邀海洋科学家。此外，联合国教科文组织、联合国粮食及农业组织等也派出代表参加。各国的国家海洋研究委员会代表国家同海洋研究科学委员会联系，并负责协调国内海洋科学事务。

3) 中国的主要参与情况

1985年6月，由中国科学技术协会、国家海洋局、中国科学院、国家教育委员会组成国际科学联盟理事会海洋研究科学委员会中国委员会，由罗钰如、任美锷代表我国申请参加海洋研究科学委员会,并被确认为该组织成员。1988—1992 年国家海洋局第二海洋研究所研究员、中国科学院院士苏纪兰任海洋研究科学委员会执行委员会执委;1994—1998 年同济大学教授、中国科学院院士汪品先任海洋研究科学委员会副主席;2006—2010 年厦门大学教授洪华生任海洋研究科学委员会副主席;2014—2018 年中国科学院海洋研究所所长孙松研究员当选为海洋研究科学委员会副主席。

11. 中西太平洋渔业委员会

1) 基本概述

中西太平洋渔业委员会(WCPFC)是根据《中西太平洋高度洄游鱼类种群养护和管理公约》建立的中西太平洋区域性国际渔业组织。秘书处设在密克罗尼西亚联邦的波纳佩。中西太平洋渔业委员会通过养护和管理措施对各成员方以及非成员合作方有法律拘束力,主要包括成员方核准其渔民的捕鱼权,中西太平洋渔业委员会渔船登记簿,渔船规范标记与识别,渔获量或捕捞努力量报告与限制,禁渔期(区),禁用大型流网,派驻渔业观察员,渔船监视系统,公海登临检查,港口国监督,渔获物转运管制,非法、不报告、不受管制捕捞渔船名单及制裁措施等。

2) 组织情况

委员会由三个附属机构组成,包括科学委员会、技术与履约委员会以及北方委员会。委员会每年召开一次会议。委员会设立了理事机构,由成员、合作非成员和参与地区(统称为 CCM)的代表组成。

截至 2015 年 5 月 27 日,中西太平洋渔业委员会共有 26 个成员方和地区:澳大利亚、中国、加拿大、库克群岛、欧盟、密克罗尼西亚联邦、斐济、法国、印度尼西亚、日本、基里巴斯、韩国、马绍尔群岛、瑙鲁、新西兰、纽埃、帕劳、巴布亚新几内亚、菲律宾、萨摩亚、所罗门群岛、汤加、图瓦卢、美国、瓦努阿图和中国台湾地区。美国、法国和新西兰的 7 个海外领地也参加中西太平洋渔业委员会。2015 年,中西太平洋渔业委员会给予厄瓜多尔、墨西哥、巴拿马、利比里亚、泰国、越南等 7 国非成员方的地位。

3）中国的主要参与情况

中国作为委员会成员之一参与各项活动和会议，中国水产科学研究院东海水产研究所的研究员陈雪忠作为中国的代表之一，长期从事渔业资源调查和评估工作，曾在中西太平洋渔业委员会担任重要职务。

12. 南极研究科学委员会

1）基本概况

南极研究科学委员会（SCAR）是国际科学理事会属下的一个多学科科学委员会，成立于 1958 年，是国际南极科学的最高学术权威机构，负责国际南极研究计划的制订、启动、推进和协调。通过召开每两年一次的大会和组织一系列的学术研讨会，定期发布国际南极研究的最新发现，并提出南极科学研究新的优先领域，为其成员国指明研究方向。有关南极的外交活动事务是在《南极条约》的协商会议上进行的，而与南极科学研究有关的问题则是由南极研究科学委员会进行管理的。

2）组织情况

截至 2021 年，南极研究科学委员会包括 45 个成员国（包括 34 个正式成员国和 11 个准成员国）。南极研究科学委员会执行委员会负责领导秘书处和相关成员开展工作，落实南极研究科学委员会代表会议做出的决定。执行委员会由 1 名主席、1 名前任主席、4 名副主席和 1 名执行主任组成。南极研究科学委员会秘书处设在英国剑桥的斯科特极地研究中心，负责日常管理和运作，由执行主任、执行干事、通信和信息干事，以及兼职行政干事组成。设置常设科学工作组、科学研究计划、专家组、行动组、咨询组和与其他组织共同赞助的小组进行科学事务。工作组是南极研究科学委员会的主要工作实体，主要负责：①交流成员国南极计划的科学研究计划；②确定目前研究领域的不足；③协调成员国未来关于南极研究计划的建议，以取得最大的科学效益和后勤支持；④确定最佳的调查区域和研究领域，并设立科学方案规划小组，向执行委员会提出建议；⑤建立行动和专家小组，以解决具体研究课题。目前南极研究科学委员会设有地球科学、生命科学和物理科学 3

个常设科学工作组,每一个常设工作组中可根据工作开展的需要,设立若干个工作小组。中国科学家秦大河曾于 1998 年当选冰川学常设工作组(后合并入地球科学常设工作组)主席。此外,委员会还设置 1 个财务常设委员会和 4 个科学研究常设委员会处理持续性事务。科学研究常设委员会包括南极数据管理常务委员会,负责开发和维护南极数据管理系统;南极地理信息常设委员会,发布最新的地理信息产品并向南极研究科学委员会提供有关咨询建议和信息;南极条约体系常设委员会,向南极条约体系和南极海洋生物资源保护委员会等机构提供南极研究的咨询建议和资料;人文社会科学常设委员会,发起、发展和协调人文社会科学领域有关南极地区的国际研究。中国科学家李斐于 2020 年当选南极地理信息常设委员会联合主席。

3)中国的主要参与情况

中国于 1986 年成为南极研究科学委员会正式成员国。中国积极参与了委员会的各项活动和计划,包括环南极冰盖边缘的航空冰下调查国际合作"环"计划等。中国的科考队员依托我国极地考察固定翼飞机"雪鹰601",在多个国际站点的协助下,成功获取了详细的冰厚、冰下地形等科学调查数据,为评估南极冰盖冰量流失、冰盖不稳定性及其对全球海平面上升的影响提供了重要依据。孙枢作为国家观察员代表我国首次出席在新西兰举行的南极研究科学委员会会议,并在会后提出了我国尽快开展南极科学考察的建议。原国家海洋局第二海洋研究所的颜其德是中国最早选派赴南极考察的科研人员和南极事业的开创者之一。他承担了中国首次南极洲考察总体计划的起草执笔任务,参与和组织了中国首次南极洲考察的组队、建站和领导工作,并任中国首次南极越冬考察队队长、中国第八次南极考察队领队。

13. 国际生物海洋学协会

1)基本概况

国际生物科学联合会下设的国际生物海洋学协会(IABO)成立于 1966年,其职责促进海洋生物学研究的发展和国际合作,发起和协调各种国际生物研究计划及其他活动,组织必要的科学讨论会和专题讨论会,促进研究成果与情报的传递及交换,为海洋生物学家提供思想和学术交流的场所。该协会曾参与"海洋学联合大会""国际南大洋研究"等多项合作活动。

2)组织情况

国际生物海洋学协会的主要机构是大会、执行委员会和秘书处。秘书处设于德国基尔大学海洋研究所。此外,国际生物海洋学协会还有若干附属机构,如各种委员会和工作组。珊瑚礁常设委员会是其中一个。

协会主席为朱迪思·戈宾(Judith Gobin);执行委员会科学任务组成员为帕特里夏·米洛斯拉维奇(Patricia Miloslavich)博士(委内瑞拉)、蒂娜·米洛斯拉维奇(Tina Molodtsova)博士(俄罗斯)、Phang Siew Moi 博士(马来西亚)、马修博士(英国)、丹尼尔·劳蕾塔(Daniel Lauretta)博士(阿根廷);执行委员会秘书为 Suchana Apple Chavanich 博士(泰国);执行委员会识别任务组成员为孙晓霞博士(中国)、Teresa Radziejewska 博士(波兰);通信任务组成员为 Yasmina Shah Esmaeili 博士(巴西)。

3)中国的主要参与情况

中国作为其中比较重要的成员参与了国际生物海洋学协会的工作。中国学者在国际生物海洋学协会中发挥着重要作用。目前,孙晓霞担任国际生物海洋学协会执行委员会委员,生物海洋学家焦念志也对该组织有重要贡献。此外,来自中国科学院海洋研究所、中国海洋大学等科研机构的众多学者通过参与学术会议、开展国际合作等方式,积极参与国际生物海洋学协会的各项活动,与国际同行深入交流,共同推动海洋生物学的发展。

14. 国际海洋物理科学协会

1)基本概况

国际海洋物理科学协会(IAPSO)是国际大地测量学和地球物理学联合会的 8 个协会之一,又是目前在国际科学理事会内分组的 40 个科学联合会和协会之一。国际海洋物理科学协会的首要目标是促进对与海洋以及在海床、沿海和大气边界发生的相互作用有关的科学问题的研究。

2）组织情况

国际海洋物理科学协会的权力属于成员国，由其代表在大会期间集中行使，包括选举主席、两名副主席、秘书长、司库和执行委员会成员等。国际海洋物理科学协会由办事处、执行委员会、成员和国家联络员组成，职责是根据代表大会前述会议的决定处理协会事务。

3）中国的主要参与情况

中国作为参与国之一，目前未担任国际海洋物理科学协会主席等职位。苏纪兰院士曾任国际海洋物理科学协会中国委员会的成员；毛汉礼教授曾担任国际海洋物理科学协会中国委员会主席；中国科学院海洋研究所的著名海洋学家胡敦欣也是国际海洋物理科学协会的活跃成员，并在国际海洋科学界享有盛誉。此外，吴国雄、袁业立等研究人员曾参与国际海洋物理科学协会组织的多次国际学术交流与合作项目，为推动海洋物理科学的发展做出了贡献。

15. 联合国环境规划署

1）基本概况

联合国环境规划署（UNEP，以下简称"环境署"）于1973年1月正式成立，是联合国系统内负责全球环境事务的牵头部门和权威机构。环境署激发、提倡、教育和促进全球资源的合理利用并推动全球环境的可持续发展。其总部设在肯尼亚首都内罗毕，是全球仅有的两个将总部设在发展中国家的联合国机构之一。

2）组织情况

截至2024年7月，环境署有成员国193个，组织机构包括执行主任、副执行主任、理事会、秘书处等。环境署执行主任为英格·安德森（Inger Andersen）；副执行主任为乔伊斯·姆苏亚（Joyce Msuya）。环境署的职责主要包括促进环境领域内的国际合作、提出政策建议、在联合国系统内提供指导和协调环境规划总政策、审查世界环境状况、确保环境问题得到各国政府的适当考虑、审查环境政策和措施对发展中国家的影响、促进环境知识的取得和情报的交流等。理事会由 58 个成员国组成，任期四年，可以连任。理事会席位按区域分配如下：亚洲 13 个、非洲 16 个、东欧 6 个、拉美 10 个、西欧及其他地区 13 个。

3）中国的主要参与情况

中国自 1973 年以来一直是环境署理事会成员。2003 年 9 月 19 日，环境署驻华代表处在北京正式揭牌成立，这是该机构在全球发展中国家设立的第一个国家级代表处。环境署驻华代表处首任主任是夏堃堡，第二任主任是张世钢。目前环境署驻华代表处代表是涂瑞和，他还兼任联合国驻华系统气候变化和环境专题小组组长。在任期间，涂瑞和协助推动了中国参加《水俣公约》《蒙特利尔议定书》《斯德哥尔摩公约》《鹿特丹公约》《卡塔赫纳生物安全议定书》《联合国气候变化框架公约》等多项多边环境协定的相关工作，担任国际环境治理体系进程的主要谈判人员。曲格平曾任中国常驻环境署首席代表、第一任国家环境保护局局长，他协助中国参加多项国际环保会议和谈判，包括《联合国气候变化框架公约》的谈判等，致力于通过国际合作来共同应对全球环境问题。

以下介绍了 8 个全球重要国际海洋计划以及中国学者的参与情况。

1. 中国发起的首个海洋领域大规模国际合作调查研究计划

2010 年由中国科学院海洋研究所研究员、中国科学院院士胡敦欣等中国科学家发起的——西北太平洋海洋环流与气候实验（The Northwestern Pacific Ocean Circulation and Climate Experiment，NPOCE）正式获得气候变率及可预测性计划（CLIVAR）组织的批准，成为国际合作计划。2010 年 5 月 30 日，西北太平洋海洋环流与气候实验国际合作计划启动大会在青岛召开。西北太平洋海洋环流与气候实验汇聚了来自多个国家和地区，包括美国、日本、澳大利亚、韩国、法国、德国、印度尼西亚、菲律宾等 9 个国家、19 个科研机构的支持，共同开展调查研究。这不仅体现了中国在海洋科学研究领域的领导力，也展示了中国对国际合作与交流的开放态度。西北太平洋海洋环流与气候实验国际合作计划的研究重点包括北太平洋的海洋环流、海气相互作用、生物地球化学过程以及海洋生态系统的响应等多个方面。通过这些研究，科学家们将能够更深入地了解北太平洋在全球气候系统中的作用，以及人类活动对这一区域的影响。

2. 国际大洋发现计划

1）计划概述

国际大洋发现计划（International Ocean Discovery Program，IODP）是一项旨在通过大洋钻探，探索地球深海地质和地球历史的科学研究计划。该计划由多个国家共同参与,是人类历史上规模最大的国际合作科学计划之一。其主要目的是通过钻探获取海底岩石样本,以揭示地球的内部结构、演化历史和海底资源分布。通过国际大洋发现计划的钻探活动,科学家们已经取得了一系列重要的科学发现。这些发现包括地球内部的构造特征、海底扩张的历史、古海洋环境的变迁等。这些成果不仅增进了我们对地球的认知,也为未来的科学研究提供了宝贵的数据和样本。国际大洋发现计划是一个全球性的合作项目,吸引了来自世界各地的科学家和研究机构的参与。目前有包括美国、日本、欧洲多个国家(如德国、英国等)、中国等在内的 20 多个国家参与了这一计划。各国科学家共同合作,共享研究资源和成果,推动了地球科学的发展。

2) 中国的主要参与情况

中国于 1998 年加入国际大洋发现计划,自此积极参与该国际合作项目。中国科学家参与了国际大洋发现计划的多个航次,与国际同行共同在各大洋进行深海钻探,获取岩芯样本。中国科学家对这些样本进行了深入研究,并取得了重要科研成果。例如,在南海的钻探中,中国科学家首次获得了南海形成年龄的直接证据,并发现了多期次的大规模火山喷发和南海深海盆反复变化的沉积历史等重要信息。此外,中国不仅为国际大洋发现计划提供了资金支持,还贡献了先进的技术和设备。这些支持有助于提升国际大洋发现计划的钻探能力和研究水平,进一步推动全球地球科学研究的发展。通过参与国际大洋发现计划,中国培养了一批具备国际视野和专业技能的地球科学家。同时,该项目也促进了中国科学家与国际同行之间的交流与合作,推动了科研成果的共享和传播。

3. 国际海洋碳协调计划

1) 计划概述

国际海洋碳协调计划(International Ocean Carbon Coordination Project,IOCCP)是一个由政府间海洋学委员会主持的国际海洋研究计划,旨在研究海洋碳循环科学,以及预测未来大气中二氧化碳含量的变化。该计划认识到海洋在碳循环中的重要作用,并致力于通过国际合作来深入了解这一领域。参与方包括国际地圈生物圈计划、世界气候研究计划、国际海洋学会、国际海洋研究委员会等。上述参与方的共同参与使得该计划具有广泛的代表性和影响力。该计划主要的研究内容包括大范围的海洋碳循环观测,以及记录、研究和创建国际碳循环数据库。该计划有助于我们更好地理解气候变化的影响并找寻正确的应对措施,特别是海洋在减缓气候变化方面的潜力,有助于我们预测和应对可能由气候变化引起的生态问题。

2) 中国的主要参与情况

中国科学家积极参与国际海洋碳协调计划的研究活动,与国际同行共同开展海洋碳循环观测、记录和研究工作。其中,最具代表性的是中国科学院院士焦念志,他在海洋碳循环研究领域有突出贡献,曾在国际上首次提出了"微型生物碳泵"(MCP)储碳理论,开辟了海洋碳汇研究的新领域。他牵头发起的海洋负排放(ONCE)国际大科学计划已被联合国批准,并作为国际海洋碳协调计划的一部分。此外,中国科学家为国际海洋碳协调计划提供了丰富的海洋碳循环数据,这些数据被纳入国际碳循环数据库,为全球科学家所共享。

4. 世界气候研究计划

1) 计划概述

世界气候研究计划(World Climate Research Programme,WCRP)是由国际科学理事会和世界气象组织(WMO)联合发起的。该计划一直致力于推动全球气候系统的物理过程研究,主要目标是确定气候的可预报程度和人类活动对气候的影响程度。该计划从 20 世纪 70 年代开始酝酿,80 年代开始执行,成为较早开展的一个全球变化研究计划。世界气候研究计划还包括多个子计划,如全球能量与水循环试验(GEWEX)、气候变率及可预测性计划等,这些子计划都致力于深入研究气候系统的不同方面。作为一个全球性的科学研究计划,世界气候研究计划吸引了世界各地的科学家和研究机构参与。各国政府也对此计划给予了配合和支持,共同推动气候研究的深入开展。

2)中国的主要参与情况

中国气象局和中国科学家一直积极参与该研究计划。其中重要参与者包括:中国工程院院士、天气与气候学家丁一汇。他是政府间气候变化委员会(IPCC)第一工作组联合主席,他在世界气候研究计划中担任联合科学委员会执行理事,对计划的研究方向和实施有着重要的影响。中国科学院院士、大气科学家王会军于2019年被任命为世界气候研究计划联合科学委员会成员。中国科学院大气物理研究所的周天军研究员在世界气候研究计划中担任耦合模拟工作组(WGCM)委员,是政府间气候变化专门委员会评估报告的主要作者之一,对推动世界气候研究计划的研究工作发挥了重要作用。

5. 联合国海洋科学促进可持续发展十年计划

1)计划概述

2017年12月5日,联合国大会第七十二届会议宣布,授权联合国教科文组织政府间海洋学委员会牵头制定联合国海洋科学促进可持续发展十年计划,计划从2021年开始,持续到2030年。这一计划的出台是响应全球对海洋环境保护和可持续发展的呼声,旨在通过增强海洋科学研究,更好地了解海洋生态系统,以科学的方式管理和保护海洋资源,从而实现海洋的可持续发展。联合国教科文组织政府间海洋学委员会被指定负责协调联合国海洋科学促进可持续发展十年计划的实施。该委员会在全球范围内遴选高级别专家,组成咨询委员会,为其提供咨询建议,并指导相关工作。咨询委员会由5名联合国机构代表和15名国家代表组成。

2)中国的主要参与情况

中国积极响应联合国海洋科学促进可持续发展十年计划倡议,通过成立中国委员会、制定行动框架、参与大科学计划和项目等方式,在联合国海洋科学促进可持续发展十年计划的框架下实施共同行动计划。目前,中国已与近50个国家和国际组织签署了合作协议,分享在海洋科研、环保、减灾等领域的实践和经验。中国工程院院士、自然资源部原总工程师李家彪在该计划中发挥了关键作用,他牵头发起了"数字化深海典型生境"大科学计划。该计划以解决联合国海洋科学促进可持续发展十年计划倡议的数字化海洋为核心目标,致力于提升人类对深海典型生境的观测、模拟和制图能力。自然资源部第一海洋研究所的乔方利研究员当选为联合国海洋科学促进可持续发展十年计划咨询委员会的成员,为该计划提供科学指导,并在相关会议上做主旨发言,分享中国在海洋与气候领域的研究成果和经验。中国工程院院士蒋兴伟也参与了联合国海洋科学促进可持续发展十年计划,并在相关会议上做了关于海洋卫星组网观测与应用的报告,展示中国海洋卫星发展的显著成就,并提出克服技术瓶颈、加强星地一体业务化运行能力等建议。

6. 热带太平洋观测系统项目

1)计划概述

热带太平洋观测系统项目(Tropical Pacific Observing System 2020 Project,TPOS 2020)是由政府间海洋学委员会在全球海洋观测系统框架下建立的一项国际合作计划。该项目旨在重新评估、规划并完善以TAO/TRITON浮标网为核心的热带太平洋观测系统;目标是以2020年为时间节点,建立一个更加完善、更具可持续发展能力的热带太平洋海洋观测系统。热带太平洋观测系统项目设有科学指导委员会,负责项目的科学指导与管理工作。该委员会定期召开会议,回顾项目进展情况,讨论未来的管理与实施事宜,并确定最终报告大纲等。来自世界各地的近50位专家参与了这些会议,共同为热带太平洋观测系统项目的发展提供智力支持。

2)中国的主要参与情况

中国科学家积极参与热带太平洋观测系统项目。自然资源部第二海洋研究所的陈大可院士担任TPOS 2020计划的科学指导委员会委员;自然资源部第一海洋研究所的于卫东教授担任TPOS 2020计划的指导委员;中国科学院海洋研究所王凡研究员担任科学观测网项目的负责人，在热带西太平洋成功布放了第一套深海潜标，为热带太平洋观测系统项目做出了重要贡献；中国科学院海洋研究所李铁刚研究员也是参与热带太平洋观测系统项目的重要科学家之一。2019 年 11 月 4 日至 7 日，自然资源部第二海洋研究所成功承办了热带太平洋观测系统 2020 年第六届科学指导委员会会议。这次会议的举办不仅深化了国际合作，而且显著提升了中国在国际大型观测计划中的话语权。

7. 国际海洋科技会议

1）计划概述

国际海洋科技会议（OCEANS）是国际上规模最大的海洋科学技术学术会议之一，由电气电子工程师学会（IEEE）海洋工程分会（OES）和海洋技术学会（MTS）联合主办。会议通常涵盖海洋科学研究的各个方面，包括但不限于海洋生态学、海洋环境保护、海洋资源开发、海洋工程技术等。国际海洋科技会议有着悠久的历史，每年都吸引来自世界各地的专家学者参与。会议的规模逐年扩大，参会人数和提交的论文数量均有所增加，显示出该领域的研究活跃度和关注度在不断提升。

2）中国的主要参与情况

中国科学家在国际海洋科技会议中的参与人数逐年增加，显示出中国海洋科学研究领域的蓬勃发展。2016 年的国际海洋科技会议首次在上海举办，由上海交通大学承办，苏纪兰院士、汪品先院士和林忠钦院士为大会荣誉主席，上海交通大学的连琏教授为大会主席。大会邀请了多位海洋研究领域的国际知名专家做主题报告，并设立了 9 个技术分会。大会展示了中国在海洋科学研究方面的实力，也促进了国际学术交流和合作。海南大学获得 2026 年国际海洋科技会议主办权。

8. 北极气候研究多学科漂流计划

1）计划概述

北极气候研究多学科漂流计划（MOSAiC）是国际北极科学委员会的

旗舰项目,是一个多学科的综合考察项目,由德国亥姆霍兹极地与海洋研究中心发起,旨在通过锚定破冰船在北极海冰中随冰漂流,对北极地区的大气、海冰、海洋进行物理、生物和化学等多学科的综合考察。该计划的目标是提高对北极气候变化、海冰变化以及生态系统响应的认识和理解。该计划吸引了多个国家和机构的参与。德国、中国、俄罗斯、瑞典等国家的破冰船和科研人员都参与了该计划。此外,还有多个国际科研机构和大学也参与了该计划的研究工作。

2) 中国的主要参与情况

中国共有 18 名科学家参与了北极气候研究多学科漂流计划,这些科学家来自中国极地研究中心、自然资源部第一、第二、第三海洋研究所等多个科研机构和高校。中国科学家在浮标阵列构建、冰底生态过程、温室气体循环、海冰和海洋过程观测等领域做出了重要贡献。在北极气候研究多学科漂流计划的第三航段中,中国科研人员首次获得了北冰洋核心区域在海-冰-气界面的重要温室气体一氧化二氮(俗称"笑气")的数据,填补了该研究领域的国际空白。通过参与北极气候研究多学科漂流计划,中国科学家与国际同行进行了深入的交流与合作,共同推动了北极科学研究的发展。这种国际合作不仅提升了中国科学家在北极研究领域的国际影响力,也为中国未来在北极科学研究方面的发展奠定了坚实基础。

［1］刘赐贵.关于建设海洋强国的若干思考[J].海洋开发与管理,29(12):8－10.

［2］杨金森.海洋强国兴衰史略[M].北京:海洋出版社,2014:20.

［3］张海文,王芳.海洋强国战略是国家大战略的有机纸部分[J].国际安全研究,2013,31(6):57－69.

［4］殷克东,卫梦星,张天宇.我国海洋强国战略的现实与思考[J].海洋开发与管理,2009,26(6):38－41.

［5］曲金良.和平海洋:中国"海洋强国"战略的必然选择[J].浙江海洋学院学报(人文科学版),2013,30(6):7－11.

［6］金永明.中国建设海洋强国的路径及保障制[J].毛泽东邓小平理论研究,2013(2):81－85.

［7］季晓丹,王维.美国海洋安全战略:历史演变及发展特点[J].世界经济与政治论坛,2011(2):69.

［8］李双建,于保华,魏婷.美国海洋管理战略及对我国的借鉴[J].国土资源情报,2012(8):21.

［9］刘佳,李双建.从海权战略向海洋战略的转变:20世纪50—90年代美国海洋战略评析[J].太平洋学报,2011(10):79－85.

［10］马建光,孙迁杰.俄罗斯海洋战略嬗变及其对地缘政治的影响分析:基于新旧两版《俄联邦海洋学说》的对比[J].太平洋学报,2015,23(11):20－30.

［11］胡德坤,高云.论俄罗斯海洋强国战略[J].武汉大学学报(人文科学版),2013(6):41－48.

［12］刘霏.俄罗斯的南海政策及其对中国海洋争端的影响:基于美国亚太再平衡战略的分析[J].东北亚论坛,2016,25(1):87－95.

［13］刘衡.介入域外海洋事务:欧盟海洋战略转型[J].世界经济与政治,2015(10):60－82.

［14］张义钧.《欧盟海洋战略框架指令》评析[J].海洋信息,2011(4):27－30.

［15］王旭.日本参与全球海洋治理的理念、政策与实践[J].边界与海洋研究,2020,5(1):57－71.

[16] 宋德星. 新时期印度的海洋安全认知逻辑与海洋安全战略[J]. 印度洋经济体研究，2014(1)：16-32.

[17] 张威. 印度海洋战略析论[J]. 东南亚南亚研究，2009(4)：16-20.

[18] 宋德星，白俊. 新时期印度海洋安全战略探析[J]. 世界经济与政治论坛，2011(4)：38-51.

[19] 王金平，吴秀平，曲建升，等. 国际海洋科技领域研究热点及未来布局[J]. 海洋科学，2021，45(2)：152-160.

[20] 王金平，张波，鲁景亮，等. 美国海洋科技战略研究重点及其对我国的启示[J]. 世界科技研究与发展，2016，38(1)：224-229.

[21] 韦有周，杜晓凤，邹青萍. 英国海洋经济及相关产业最新发展状况研究[J]. 海洋经济，2020，10(2)：52-63.

[22] 吴有生，赵羿羽，郎舒妍，等. 智能无人潜水器技术发展研究[J]. 中国工程科学，2020，22(6)：26-31.

[23] 洪术华，宋雍，叶景波，等. 海洋工程发展现状与跨越发展战略[J]. 船舶工程，2019(S2)：266-267.

[24] 叶龙. 全球海洋教育的发展新路径与趋势：走向海洋文化教育[J]. 现代教育科学，2019(8)：1-7.

[25] 仲东亭，常旭华. 典型国际大科学计划的过程管理体系分析[J]. 中国科技论坛，2019(2)：36-43.

[26] 刘畅. 大学科研评价体系及应用研究[J]. 才智，2017(8)：4.

[27] 杨建民，刘磊，吕海宁，等. 我国深海矿产资源开发装备研发现状与展望[J]. 中国工程科学，2020，22(6)：1-9.

[28] 孙凤鸣，刘方琦. 世界先进科考船图谱[J]. 中国船检，2018(1)：88-93.

[29] 戴维·赫尔德，安东尼·麦克鲁. 治理全球化：权威与全球治理[M]. 曹荣湘，龙虎，等译. 北京：社会科学文献出版社，2004：3-4.

[30] 戴维·韦尔奇. 理解全球冲突与合作：理论与历史[M]. 9版. 张小明，译. 上海：上海人民出版社，2012：291.

[31] 罗刚. 中国参与全球海洋治理的态势分析与思维路径[J]. 中国国际战略评，2018(2)：106-115.

[32] 谢斌，刘瑞. 海洋外交的发展与中国海洋外交政策构建[J]. 学术探索，2017(6)：39-44.

[33] 马骏，狄龙. 海洋环境保护意识和策略探析[J]. 科技风，2011(4)：256.

[34] 胡紫娟. 我国海洋法律保护制度研究：以海域、海岛使用权为视角[J]. 知识经济，2011(3)：58，60.

[35] 刘洋，姜义颖. "一带一路"涉海高端法律人才培养研究[J]. 合作经济与科技，2017(24)：108-111.

[36] 李英福. "一带一路"倡议下的国际化人才培养研究[J]. 河北师范大学学报(哲学社会科学版)，2020，43(1)：135-140.

［37］赵宗金.海洋文化与海洋意识的关系研究［J］.中国海洋大学学报(社会科学版),
　　　2013(5):13－17.

［38］史凯文.海洋强国战略下我国海洋科普发展现状与前景展望［J］.科技传播,2024,
　　　16(1):35－37.

［39］韩兴勇,郭飞.发展海洋文化与培养国民海洋意识问题研究［J］.太平洋学报,2007
　　　(6):84－87.